牧野富太郎選集 4

随筆草木志

牧野富太郎

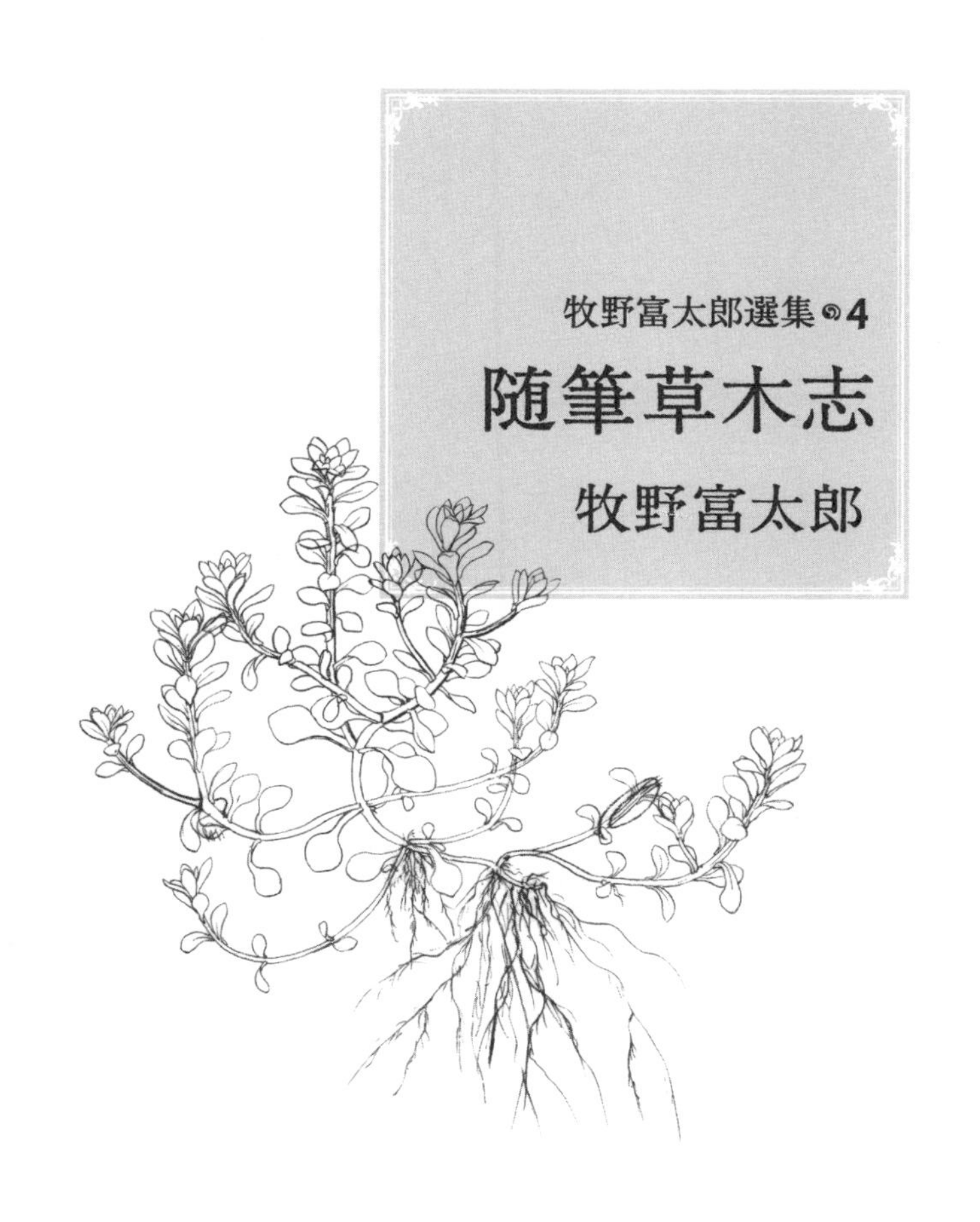

東京美術

牧野富太郎選集4　随筆草木志　目次

植物随想

I

花壇の花

コスモス

今はわが邦に広く行き渡っている一年生の草花であるが、原（みなもと）はメキシコの産である。その栽培がいたって容易なのと、かつ丈高く勢いよく生長し数多くの美麗な花を着けるので、だれもがよく庭さきに栽えている。秋になってたくさんな花が散開するので秋ざくらの名がある。植物学の方面ではじめて聞けばなんのことやら分からぬようなおおはるしゃという無意気な名で呼んでいるが、コスモスというと強く響き、かつ言いやすくはっきりしているので、その名でも通じているが、しかしこのコスモスはこの草ばかりの特名でなく、これらの属する属名であることを忘れてはならない。コスモスはギリシァ語で美麗とか完全とかいう意味を持った字でこれらの草の花がいかにも満天のように輝いて綺麗に咲くのでそう褒めた属名を付けたものであろう。この草は春に種子を蒔けば容易に生え、ついには高さ五、六尺にも成長し、枝を分かちて秋遅くまで花を咲き続ける。葉は糸のように細かく裂けてそれが茎に対生している。

ダーリア

ダーリアは Dahlia と書く。かの有名なリンネ氏の弟子で、西暦一七八九年に死んだスエーデンの植物学者アンドレアス・ダールの姓を取って属名としたものである。それゆえダーリアはじつは一種の植物の名でなく、その仲間の総称である。第一にわが邦に来たものはダーリアピンナである。通常これをダーリア・ヴハリアビイリスと称する。徳川時代の末に長崎に渡り、纏枝牡丹とも天竺牡丹とも呼んだ。纏枝牡丹は、元来支那に産するひるがお属の一種八重咲の蔓草の名であるから、これをこの品に当て用いるのはもとより誤りであった。天竺牡丹の名はあってもそれは天竺すなわちインドのものでなく、じつはメキシコの原産である。まもなくいま一つ同属の別のものが来た。これはダーリア・コクシネアと称する。ふつうにはこれをも天竺牡丹と同視しているが、これは葉に鋭鋸歯があって、花は一重咲、その舌状弁は八枚ほどあって幅が広く色は緋である。私はこれにひとえぐるまの名称を与えた。しかし培養品中には種々の変り品ができて、これと天竺牡丹との見分けが付かぬものが少なくない。いずれも葉は羽状あるいは再羽状に分裂して茎に対生し、根は紡錘状の塊をなして集まっている。多肉なものではあれど食用にするには適しない。

ひゃくにちそう

徳川末葉時代にわが邦へ来たものでメキシコの原産である。夏から秋にかけて花が永く咲き続くので、かの竜宮へ行った長命の浦島太郎に見立てて浦島草の名がとく付けられた。百日草も永く咲くからである。西洋の俗名をYoung-and-Old-Ageというが、この花は老いても花弁が依然として色を保ち永く若々しい色をもっているから、それでこんな名があるであろうと思う。一年生の草で春種子から生え、高さは三、四尺に成長し、葉は対生して茎を擁し枝を分かって枝頭に美花を開くのである。一重咲のものもあれば八重咲のものもある。紅紫色、淡紅色、赤色、黄色等種々な色があってそれらが相まじわって競うて咲いている様はなかなかに美しい。花弁が硬いので花が端然としており、観てなんとなく気持がよい。この草の属名をジニアというがこれはヨハン・ゴットフリード・ジンというドイツの医者の姓を取って名づけたものである。

とろろあおい

ふるくから作っているが、これはお隣の支那から来たものである。たぶんその支那がこの草の原産地ではないかと考えられる。これはむくげ、ふようなどと同属で、学名をヒビスクス・マニホットというが、それはその葉がかの澱粉を食用に供する有名なマニホットすなわちタピオカに似ているからそう名づけたものであろう。大きな一年草で葉は掌状を呈し大きな花がまっすぐに立った茎の梢に穂のように付き、下から順々に横向きに咲き上るのである。朝開いて夕方に凋まる。花冠は黄色で花の底は暗紫色である。花の中央に雄蕊の柱があって、それにたくさんな葯が付き、その柱の中心を通して一つの花柱が上に出で、その末が五つに分かれその端が柱頭になっている。花がすむと角のような五稜の実を結び熟すると黒くなり中にたくさんな種子があって、それが猿の頭に似ているからさるごまの名がある。この草の支那の名は黄蜀葵でその花はよく絵画の中に出ている。秋の気分をみなぎらす草花の絵にはなくてはならぬような気がする。根の皮は製紙用の糊料に使用せらるる。それゆえ畑に作られる。これは花を賞するのではなく根を採るためである。ところにより、ねりともふのりとも京ぶのりとも唱える。このとろろあおいの名のとろろは、その根の皮のべとべとした粘汁がとろとろしているからそういったものである。西洋でオクラと称しその嫩き実を食用にするものがあるが、それはこのとろろあおいと兄弟同士の一種である。

せんにちそう

せんにちそうは千日紅である。それゆえせんにちこうとそのまま言っているところもある。その花が永く咲き続くばかりでなく、なおそのうえに花を採って乾かしてもちゃんと生の時の色を保って生きているように見えるから、千日紅と支那人が名づけたのは、まことにそのところを得たよい名である。ふるくからわが邦へ渡り来たって、今日では全国いたるところで栽培せられ、ごくふつうの草花となっている。秋郊外を逍遥するとそこここの農家の庭先などで見ることが多い。春種子を蒔いて生える一年生の草で、高さは一尺から一尺五寸ばかりに成長し、茎の節は高く葉は対生している。枝を分かってたくさんな花が次々と咲く、花は円き球のように相集まり、その下に二枚の緑苞がある。この花球を検してみると、花は五片の萼と一つの筒となった五雄蕋と一雄蕋とからなっており、その外にこの花を擁して大きな平たき苞が二つある。この苞が紅紫色なもんだから、それで花球が一体に紅紫色に見ゆるのである。この草花は旧世界すなわち東半球の熱帯地の原産で、ひゆ、けいとう、はげいとうなどと同科に属する。

はげいとう

はげいとうはけいとうすなわち鶏冠花に似て、葉が特に美麗だからこのように葉げいとうの名がある。たぶんインド辺の原産であろうと思う。秋の庭を飾るに無類な草であるばかりでなく、またときどき絵画の中に見られる。花は屑みたいなすこぶるつまらない見すぼらしいものではあるが、その葉が秋になると輝きわたる美観を呈して四隣を照耀している。はじめはただ緑色か、ときとすると暗紫色のみの葉であるが、後には赤色黄色などに変じ、緑葉と相まってはなはだはでやかである。支那ではその中のある品を雁来紅と称する。雁の来る時分に色づくからこの名がある。また老少年の名もある。つまり若返りだね、充分成長して老いたと思ったらにわかに色艶が出てきて、老いて後また少年の姿があるというのである。老人達はうんと庭に栽えてこれにあやかるべしだ。僕などはそれでこの草が大好きさ。僕は今六十四だけれど諸君のような少年が大好きで、おばあさん、おじいさんには敬意を表するけれど歓迎はせんね。

てんじくあおい

天竺の名を冠すれどもその品ではなく、これは南アフリカの原産である。園芸家はこれらの属をゼラニュームと呼んで通しているが植物学上の属名はペラルゴニュームである。てんじくあおいはこのペラルゴニューム属の一種で、この類中最も早くわが邦に来たものである。暖地では冬も平気で生育するが、寒き地では冬は温室で養わねばならぬ。多年生の草本で多少灌木状の姿がある。葉には長き葉柄があって互生し、円形あるいは腎臓状円形で掌状脈を有し、葉縁に鈍鋸歯がある。葉質が軟らかで葵の葉のようである。葉と対生して出でたる花茎の頂に、小梗ある多数の花を集めて着け、上部に位する萼片から出た距は、特別に小梗に沿着している畸態がある。花弁は五枚でその上方に位する。二枚が少しく大きくかつ色が濃い傾きがある。花中に十雄蕋が一花柱を取り巻いており、その花柱の末は五つに分れ、果実のときは嘴のようになっている。実がはじけると、中軸を残してそれが五つに反りかえり、その端にある一種子をそのはねる力で遠くへ飛ばすことが彼のげんのしょうこのそれと同様である。他の一種、その葉に円い黒い帯の模様のあるものを紋天竺あおいと称する。

ふよう

ふようは木芙蓉（もくふよう）である。それは木であるからかく木芙蓉と支那人が名づけたのである。支那と日本との原産でふつうに人家に栽植せられておれども四国、九州方面ではかなり大きな樹木となって山間に野生している。葉は互生で長き葉柄を有し、葉面は大きく広くて浅く分裂し、五～七尖をなしている。花は枝の末に幾つも付いて下から順々に咲き、朝に開いて夕べに凋まる。花弁は五枚で花中に雄蕊の柱がある。花後に円き実を結び、熟すれば五つに裂けて種子が出る。この植物はむくげ、ぶっそうげ（扶桑）などと同属である。花が美麗で花色が淡雅だからだれにも好かれ、詩にも作られまた絵画にも入っている。花に白いのもあれば、また八重咲ではじめ白く後淡紅に変ずる酔芙蓉と称するものもある。

（ここより十篇、昭和十一年発行『随筆草木志』より）

わが植物園の植物

予は生まれて何に感じたでもなく、また親よりの遺伝でもなく、自然に草木が好きであった。野や山に種々の草木を閲するうちに、これらの草木を栽え付けたる一つの植物園ができた。年を経るにしたがいて先祖代々よりの財産もこの園の経営のために入れあげてしまい、家も倉も人手に渡し、身はきのうまでの旦那様にひきかえて着のみ着のままの素寒貧になってもいっこうにそんなことに頓着なく、また世人の嘲笑をもあまんじて、ひたするらこの植物園の経営につくした。このごとくするうちに日に月にその栽えたる草木の数が殖えてきたがその間、幸いに一度も荒廃に帰せしことはなかった。しかしこれを維持しかつ盛大ならしむるについて、種々惨憺たることには出会ったが、天は幸いに園主の微衷を憐れんでくれたものかその際には幸い義侠な人々があって、その困難を救ってくれたことがあり、またその盛大になるべき経営をたすけてくれた人があって、幸いに今日までこの園を維持し来たり、今日ではまず既に幾千の植物の栽え付けを終わった。そこで園主は一つは日本国民の分として、また一つは右義侠の人々の高誼に対し、この植物園をして斯学のためにいささかにても功績あらしめたいとの切なる希望よりして、日夜そのことに肝胆を砕いて苦心しているが、さて世の中のことは万事思うようにならぬのが常であるから、園主の心にそうように都合よく行くか行かぬか、その辺のことは只今ではとんとあい分からぬ。万一非常に深厚なる低気圧が天の一方に現われて、狂風暴風を駆り来たり、この園を蹂躙し去り、取りかえしのつかぬ惨状を呈し、ために荒廃に帰するようのことでもあったら園主多年の苦心はここにその降り来る雨の水の泡となって消え去り、その失望のあまり園主の健康はともかくも害せらるることとなろう。このごとき悲惨なる終わりを告げるほどこの植物園が不幸の運命を有しておるかおらざるかは、一寸先は闇であってまさにそのときの来るまでは神のほかはあらかじめ知る人もあるまいが、今のところでは園主は前途を占して一喜一憂の間に彷徨しつつあるのである。この植物園ははじめ土佐の国の一隅に建設せられたるが、とっくに移して今は東京にあり、園の広さは方わずか二三寸の間に横たわりおるが、不思議にも幾千の草木がその構内に栽え付けられて繁茂し、まだいくらでも栽えられる地を存している。今その中よりいくつかの草木を選出して「そんな不思議な植物園がどこにあるものか」と疑わるるお方にその品種を告げまいらせんと言うは、その園主なる牧野富太郎という変人である。

からふとそう

かつて上述のわが植物園に栽えられたる一種の珍草がある。そは今回わが忠勇なる軍隊によりて征服したるわが旧領土樺太州に産し、まだ他の地方には知られぬ品である。彼のしゅろそう、あおやぎそう、ばいけいそう、及びりしりそうなど近き縁を有して、同じくゆり科に属している。かつて敵国なるロシアのシュミット氏が西暦一八六八年、すなわち今より三十七年前に著わしたる『樺太植物誌』にはじめて図説せられ、ステナンチュム・サカリネンセ（Stenanthium sachalinense *Fr. Schm.*）の学名が下されてある。まだ和名の呼ぶべきものがないので、今回からふとそうと新称した。今その形状を略記すれば下のごとくである。全草高七～九寸、多年生草本にして彷彿きわめて痩せたるあおやぎそうの態がある。根は鬚状にて、茎は地中にあり植物学上のいわゆる有皮鱗茎をなし、ねぎなどと同じ形態を呈している。葉は二、三枚地上に出で鋭尖頭をなせる線形にして、花茎すなわち葶より短くおよそ四、五寸の長がある。花茎は直立して枝なく、一片の鱗状葉を途中に着け、茎頭に点頭せる三～五花を着けたる総状花をなし、小梗は上向し、小梗本の苞は小梗より長く、辺縁に色を有している。花は直径五分ばかりあり、雌雄両蕋を具えたる両性花であって、雄蕋は四個あり花蓋六片開展せずして半開し、ほぼ鐘状をなし各片披針状にして鋭尖頭を有し、上部やや反曲して色彩があり、片面にはりしりそう、しゅろそう、あおやぎそう等に見るがごとき腺がない。これはなはだ注意すべき点であってこの属がしゅろそう属やりしりそう属と分るる主徴である。しかして各片の下部は子房と合体している。子房は痩せ長き「ピラミッド」状をなして直立し三室に分れている。花柱は三本あって中央より反曲している。

果実はいわゆる蒴をなして直立し、宿存せる花蓋とほとんど同長で、毎室に五ないし八顆の種子がある。種子は披針形で翼があり、この翼は種子の頭部の方へ余計に張出している。

この植物の学名がよくりしりそうと間違えられているけれども、りしりそうのはジガデヌス・ジャポニクス（*Zygadenus Japonicus Makino*）でなければならぬ。

日本のむぎらん属植物

むぎらん属すなわちブルボフィルム属（Bulbophyllum）はらん科のせきこく族に属しアジア、アフリカの熱帯地方に多くまた少しは南アメリカならびに濠洲の地にも見らるる品種を含みたる一属である。本属にはおよそ八十種程の種を含みおるが、わが日本では今日のところただ下の二種のみ世に知られている。ともに日本の中部より南部の諸州にかけてこれを産し、いわゆる付託植物（付着植物ともいう）をなして樹上あるいは岩面に付着して生活し、全体は小形にしてその葉は冬を凌いで枯れず、また花は小形隠微にして顕著のものではなけれども、その全草の形貌がすこぶる非凡であるうえに小形にして可憐であるゆえ、すこぶる園芸家に珍重せられおるが、しかしその培養が存外むつかしいのでその繁茂が思うようにゆきかねます。もっとも元来が付託植物であるゆえ、その所在の空気中の湿気が適当であったならきっと良結果を見るであろうと思うのです。日本では樹上に付着しているが、また岩面にも生ずるところがある。ところによるとさかんに繁茂してほとんどその付託せる樹なり岩なりを密に覆うていることがある。その生活しつつある場所は日蔭となりおるところであるが、しかしひどく陰暗なるところには生じていない。根茎は匍匐して延長せる糸状をなし、鬚根がこれより発生されて樹面もしくは岩面に緊着している。卵円形あるいは長楕円形の小なる球状茎が粒の形をなし、小距離を隔てて根茎の上に並んでいる。この球状茎の頂に各一片の葉がある。葉は楕円形あるいは長楕円形をなし上端は鈍頭である。下部は狭窄してついに短き葉柄となりおる。硬くして革質をなし、色は深緑にして辺縁多少反曲し三つの脈がある。長きものは一寸に達する。花は五、六月頃に開きおよそ一分くらいの径がある。淡緑色にして半開状をなし、細小隠微にして葉にかくれている。いつ花がしぼんだやら見過ごすほどの顕著ならぬものである。花梗は前年の球状茎に接して根茎より出で、三、四片の苞と一個もしくは二個の花を有しその長さは球状茎と同一である。苞は広くして質薄く、上方のものは少しずつ隔たっておる。萼は上部のものは卵円形、側部のものはこれより大にして楕円形をなし、共に三つの脈がある。湿気に人は通常あまり気をかけぬけれども、これを考慮するははなはだ肝要なることにて、このごとき付託性の蘭を培養せらるるお方はぜひこの点に向こうて大いに注意を払わねばなりませぬ。これは温室内の蘭の培養法を見てもすぐ分かります。すなわちただに彼らに温度を与うるのみならず、これと同時に湿気を充分かれに供給せねばならぬのではありませんか。ブルボフィルム（Bulbophyllum）属はその字面が示すごとく球をなせる茎（植物学上にてこれを偽鱗茎すなわちPsevdobulbという）の上に葉を有すること、下に示すむぎらんのごとくなるによりこの属名を得たるものであるが、しかし次のまめらんのごとくその球状茎がないものもないではない。

―●―むぎらん

この蘭は日本の中部より南部にかけて諸州に珍しからぬ一品である。東京の近地にては房州相州にその産地がある。房州の清澄山はこの植物のまず北限の産地ならんと思う。しかしこれより北にあるとしたところであまり飛び離れて遠くにあるのではあるまい。株は樹上に付着、花弁は卵状三角形にして上部の萼片よりかすかに長く辺縁毛のごとく細裂しておる。牌片は花弁と同長で鋭尖頭ある卵形である。下は延出せる蕋柱の脚と接合しており、この脚はあたかも牌片の柄のようになりおる。子房は植物学上のいわゆる下位子房にてこの蘭のものは他の多くの蘭に見るごとくねじれておらぬ。それゆえその花の向きが正しくなりおりて、他のものと反対の姿勢を呈しておる。すなわちその牌片は外に向かわずして内方に向こうておる。この子房は花後熟して楕円形の蒴果となり、二分くらいの長さを有する。種子は細微にして鋸屑状をなし、蒴が開裂したときたくさんに溢れ出ずること他の一般の蘭と同じである。

この蘭の花はよく自家授精を営むのである。

この蘭の花は上述のごとく隠微で見るに足らぬが、その硬質の葉とその麦粒状の球状茎とは大いにこの植物を超凡に見さす標識である。この麦粒状の球状茎があるからしてむぎらんの名が出たので、学名はブルボフィルム・インコンスピクウム（Bulbophyllum inconspicuum *Maxim.*）である。この学名は西暦一八八六年すなわちわが明治十九年に、露国の植物学者マキシモウィッチ氏の公にせしところである。

二●――まめらん

まめらんの名は文政八年出版の水谷豊文氏著の『物品識名拾遺』に出ているによりこの時代の本草家には既に知られていたことが分かる。まめづたらんの名は当時理科大学の助教授たりし大久保利三郎君の下したるものにして、その図説が明治二十二年二月出版の『植物学雑誌』第一巻第一号に出ている。今日ではこの品はあえて珍しく感ぜぬが、右雑誌発刊の当時明治二十二年頃にあっては珍しき蘭の一つであった。またその学名のブルボフィルム・ドリモグロッスム（Bulbophyllum Drymoglossum *Maxim.*）もその時分にできた名で、その命名者は前品むぎらんと同じく露国のマキシモウィッチ氏であった。この種名のドリモグロッスムは羊歯類のまめづた属のことである。まめらんの葉やその全体の様子がまめづたに似ているよりこれを種名となしたのである。

この蘭は前条のむぎらんと同じく樹もしくは岩面に着生し、多くは日光の当たるところに生じている。この種も大いに繁茂する時はときにその着生物の表面を密に被いあたかも着物を着せたようになっている。この品はむぎらんよりは培養がむつかしいが、生きたいわひばの幹に付ければよろしいとのことである。

その産地の区域はむぎらんと同一であるが、ときとするとむぎらんより北方に超えて産することを見た。予の知るところでは下野の国がこの種の北限でないかと思う。予は松平子爵より同国鹿沼よりほど遠からぬ、こがし山より得たる品を頂戴せしことがある。

根茎は延長匍匐して糸状をなし所々より鬚状の根を出している。球状茎はあたかもこれなきがごとくまったく不明にして小鱗片これを包み、葉はたがいに相離れて根茎上に疎生し、小形にして楕円形あるいは倒卵状楕円形を呈し、肥厚にして帯黄の緑色である。三分ばかりの長さに達する葉柄をなし、その状豆を付着せしがごとく、まめらんの名は下し得て妙である。花は花梗上にただ一個あり、わりあいに大にして三分余の径がある。六月頃開き、黄緑色である。花梗は根茎より出で繊長にして葉より長くおよそ二、三分の長さがある。下部に膜質の苞を有し頂部にまた一苞がある。花蓋（萼と花弁を合称してかくいう）は半開にして萼片は卵状披針形をなし、上部のものはやや狭く、共に三つの脈がある。花弁は萼より非常に小さく長楕円形にして一つの脈がある。脾弁は少しく紫色をおび萼より短く、鋭尖頭をなせる卵状披針形にして彎曲し、延出せる蕋柱の脚と接合して屈折している。蕋柱は短く子房はほぼ棍棒状をなし、果実は倒卵形にて下に柄がある。

日本産つがざくら属の品種

しゃくなん科（石南科）の植物は総体興味あるものが多いゆえ、園芸植物としてもはなはだ重要なる地位を占めている。ことにその中でもしゃくなんの類、つつじの類またはエリカの類（この類は日本に産せず）などにいたってはその主位を占めておってすべての園芸家をして常に嘆賞の声を放たしむるものである。かのヒマラヤ山を装飾せるしゃくなんの品種などは、だれもその雄大なるに驚かぬ人はあるまい。

小形なるしゃくなん科の品種の中につがざくら属がある。この属にはそうたくさんに品種が含まれていないがわが日本では三種あることが知れている。しかもその中の一種はほんのこのごろ確かに日本にあることがよく確かめられたばかりだ。これらの三種はみな高山の頂巓もしくは頂巓近くに生じておって平野または丘陵地などには見当たらぬのである。相互形状が相似ているがこれを分別することは至難ではない。

この属はしゃくなん科中のしゃくなん族に属し学術上ではフィロドセ（Phyllodoce）という。これは神話中の語より出たものである。この属に属する植物は左の通徴を持っている。

つがざくら属すなわちPhyllodoce属の通徴——矮小なる灌木にて、繁く枝を分かつ。葉は年中青々としている。枝上に散生し（散生とは植物学上の語にて葉が茎面の四方に互生しているものをいう、まばらに生じているという意味ではない)、葉縁ははなはだしく反巻して葉の裏面において中肋に達している。花は繖形に出で、梗を具え、萼片は五つあり花冠は壺状または鐘状をなして縁端五裂し、雄蕋は十個ありて子房の下より生じ、花糸は細長、葯は上端に孔があってここより花粉を滲出し、そして芒がない。子房は五室をなし、花柱は細長、柱頭は小頭状をなす。果実は蒴果で五室で、室と室との間が開裂して五殼片に分かれ滑らかなる多数の種子がある。

この属に属する品種は半半球の北部に限られて生じ、南半球の方には一種も見つからぬ。またこの属は何に近いかと言うとひめつがざくら属(Bryanthus)にいちばん似ている。人によりてこのひめつがざくら属と同属としたこともあるくらいよく接近しているけれども、ひめつがざくら属の花は総状をなしかつ花冠が深く四裂して開展しおるにより違うのである。またみねずおう属(Loiseleuria)ともはなはだ近いが、みねずおう属のものは雄蕋が五つありて、その葯は長く、縦裂して花粉を滲するによりてまた違うている。

つがざくら属は属中が二つに分かれている。すなわち一つはあおのつがざくら区(Eu-phyllodoce)で、一つはつがざくら区(Parabryanthus)である。あおのつがざくら区は本属の本家であって、花冠は壺状をなし萼には腺毛がある。あおのつがざくらとえぞつがざくらとがこれに属している。またつがざくら区は本属の御部屋様みたようなもので、花冠が鐘状をなし萼片には毛がない。これにはつがざくらが属する。今分かりよいようにこれを表にして示せば左のごとくである。

つがざくら属

（甲）あおのつがざくら区……花冠壺状、萼に毛あり。

（1）あおのつがざくら

（2）えぞつがざくら

（乙）つがざくら区……花冠鐘状、萼に毛なし。

（3）つがざくら

左に各種について記載しよう。

一●――あおのつがざくら

（一名）あおばなのつがざくら、おおつがざくら、おおつがまつ、はくさんがや

この種は日本本州の中部より北部にかけさらに北海道に亘りて諸州の高山によく出会う品で、日本ではこの属中のもっとも多きものである。国外ではカムチャッカよりアリュウシャン群島を経て北米北部のアラスカに亘りてこれを産する。学名はフィロドセ・バラシアナ（Phyllodoce Ballasiana *Don.*）である。三、四の異名があるが通常この学名でとおっている。

小灌木で、高さおよそ一尺ばかりに達する。幹部は横に拡がり、枝は上昇している。葉は枝上に密着して短葉柄を具え線形で、葉の末は鈍頭あるいはほぼ鋭頭をなし、葉辺には小鋸歯がある。花はおよそ三ないし十五個繖形をなして枝端に出ている。小梗は頂端に点頭している。この小梗

は直立して花体よりは長くかつ腺毛がある。萼片は卵状披針形で鋭尖頭を有し下方に腺毛が多い。花冠はほぼ球形であってその色が白く少しく青みがかっている。雄蕊は花冠内に隠れ、花糸は葯より長くて毛がない。花柱も花冠内に潜みて柱頭は少しく肥厚している。子房には腺毛がある。

二●――えぞつがざくら

この品は頃日はじめて予はその実物に接したので、その実物の産地は北海道石狩国のオプタテシケ山と後志国(しりべし)のマッカリヌプリ（後方羊蹄山あるいは蝦夷富士ともいう）である。和名がないので予はこれをえぞつがざくらと新称した。この品は欧洲の北部グリーンランドおよびシベリアの東部より北米の北部に亘りて産するので、すなわち北半球の北部を一周しており、本属中で一番広く散布された種である。わが日本では前述二山のほか千島にもあるとのことであるが、北海道ではそこここの高山上においおい見つかるであろうと思う。まだだれも本州の地では採らないから果してそこにあるかないか今ではあい分からぬ。

学名をフィロドセ・タキシフォリア（Phyllodoce taxifolia *Salisb.*）というがまたフィロドセ・シールレア（Phyllodoce caerulea *Bra.*）とも称する。この方の名は一番古い種名シールレア（caerulea）となしているから、予はこれを用うるをよろしと思う。一番旧き名はリンネ氏の命ぜしアンドロメダ・シールレア（Andromeda caerulea *L.*）である。しかしこのシールレアは藍色の事であるから、この紅紫色の花ある品の種名としてはあまり適当しないが、はじめこの種に命じたものだからいまさら仕方がないのである。

この種は高さおよそ一尺くらいに成長し繁く枝を分かつ。葉は枝上に繁く付き質硬く光あり、末端は鈍頭あるいは鋭頭をなし葉辺に細歯ありて糙渋し葉柄は短い。花梗は枝頭に繖形に出で、二ないし六個ばかりありて腺毛を被り、五分ないし一寸内外の長さがある。花は梗頭に点頭し、萼は卵状披針形で鋭尖頭を有し、腺毛を被る花冠は楕円様の壺状で淡紅紫色を呈し、雄蕋は花冠内に潜み、葯は紫色である。花柱もまた花冠内に潜みて外に出でず、子房は腺毛を被りている。

日本では（西洋のある学者も）今日までこのえぞつがざくらに用うべき前記の学名すなわちフィロドセ・タキシフォリア（Phyllodoce taxifolia *Salisb.*）をふつうのつがざくら（次条の品）に当て用いていたのはまことに不覚であった。予は今日このえぞつがざくらの実物を見てはじめてその不覚を悟った。

三●――つがざくら（一名）つがまつ

この種は本州の中部ならびに北部の高山頂に産するふつうのつがざくらで、古くより知られてあったものである。前に記したるごとく、今日までこれにフィロドセ・タキシフォリア（Phyllodoce taxifolia *Salisb.*）の学名を当て用いていたがそれは大いなる間違いであった。予は頃日これを覚ったと同時にこのつがざくらを精査した結果、これが一個の新種であることを発見した。なおそれのみならず、この品が前二種のごとくつがざくら属の本家なるあおのつがざくら区（Eu-Phyllodoce）

には属せずして、まったく従来日本、いな旧世界（東半球）に知られていなかった一区すなわちParabryanthus に属するものたることをも究め得た。それゆえこの区もまた旧世界にあっては新しきものである。この区のものは、二、三種ありていずれも北アメリカの西部ロッキー山脈辺に産する。その中なるフィロドセ・エンペトリフォルミス（Phyllodoce empetriformis *Don.*）がいちばんよくわがつがざくらに類似しているが、しかしその枝面の状、花冠の状、雄蕋の状ならびに花柱の状等に差異を認むるので両種同一と断ずることができない。それゆえ予は日本のものすなわちつがざくらを一新種と考え、これにフィロドセ・ニッポニカ（Phyllodoce nipponica *Makino*）なる新学名を下したのである。その正式の記載文は『植物学雑誌』に出ている。この種は大なるものはおよそ一尺ばかりに成長し、繁く枝を分かち、葉は、多少繁く枝上に付着し、多くは開出している。紅紫色なる短き葉柄を具え、線形で葉末鈍頭をなし、葉辺は通じて小歯がある。葉長およそ二、三分ばかり、葉面は深緑色で光滑で多少凸凹している。中肋は葉裏に広く現われていて細白毛をしいている。花は枝頭に一ないし九個ばかり繖形に出で、側に向かいて開き、花梗は一ないし九条ばかりありて、三分ないし八分ばかりの長さを有し、腺毛を被る梗本には各二片の小苞がある。萼は針状卵形でほぼ鋭頭あるいは鈍頭を有しまったく毛なく、緑色に紫色を帯ぶ。花冠は淡紫紅で開きたる鐘状をなし一分半ないし二分余の長さがある。雄蕋は花冠より短く、花糸は葯より長く花柱蕋よりかすかに高く、柱頭は少しく肥厚し、子房には腺毛を被りている。

上の三種は多少がんこうらん態があるが、がんこうらんの葉には葉辺に細歯がないのですぐ区別が付く。花もしくは果実を見れば無論だけれども。

福寿草

うまのあしがた科（すなわち毛茛科）は一つの著明なる科（科とは植物学上の語にて互いに縁がある植物の一つの集まりをいう）であって科中がまた数族に分かれている。その族の一つにおきなぐさ族というのがあってこの族はまたその中が六つほどの属に分かれている。その属の一つにアドニス、すなわちAdonisと称するのがある。わがふくじゅそうはこのアドニス属に属するにより吾人はこのアドニスを訳してふくじゅそう属と言うのである。

このふくじゅそう属なるAdonisはジレニウス氏が初めて一七〇〇年代初めに用いたるより、かのリンネ氏がすぐにこれを採って一属の名称として一七三五年にその著『システマ・ナチュリー』（Systema Naturae）にてこれを公にせしよりその後ひき続いて今日まで用いつつある名称である。そのアドニスは女神ヴェヌスに寵愛せられたる少年の名なるが、この少年が野猪に害せられて死したる時、その血よりこの草を生じたと語り伝えられたる説話にちなみてついにこの属の属名となせしものである。欧洲産のこの属の品には血赤色の花を開くものが少なくないのでそれから右のような話ができたものである。植物学上から言うと、このアドニスすなわちふくじゅそう属は左の形状を具えたものである。

ふくじゅそう属（Adonis）

直立せる草本であるいは一年生のものもありあるいは多年生のものもある。葉は互生して多裂し裂片は狭長である。花は茎の頂端にありて独在し黄色あるいは赤色あるいは淡紫色である。萼片は五ないし八片あり花弁状をなして色あり覆瓦襞に畳みて花後落ち散る。花弁は五ないし十六片あって顕著で弁の基部に斑点があるものが多い、しかし腺巣はない。心皮は多数で花柱は短く卵子は一つあって懸垂している。果実は痩果でこれが相集まって球形あるいは穂状をなし各痩果には宿存せる花柱があって小さく短き嘴の状をなしている。以上

この属はすこぶるおきなぐさ属（Anemone）に近い。フランスの植物学者バイヨン氏はそれゆえこれをおきなぐさ属に合一したことがあるが、しかし一般にそうはしない。やはりふくじゅそう属は独立させて用いている。

今世界にこのふくじゅそう属に属する植物がおよそ二十六種ばかりあって、ある種は欧洲に産しある種はアジアに産する。またたまにアメリカに産するものもある。今その種類とその産地とを挙げれば次のごとくである。

アドニス・エスチバリス（欧洲、近東）

アドニス・アレツピカ（シリア）

アドニス・アムレンシス（黒竜江地方、日本）〔福寿草〕
アドニス・アペンニナ（欧洲）
アドニス・オータムナリス（欧洲、近東）
アドニス・シールレア（支那）
アドニス・クリソシアツス（ヒマラヤ山）
アドニス・シレネア（ギリシャ）
アドニス・タビジー（支那）
アドニス・デンタタ（欧洲、北アフリカ）
アドニス・ジストルタ（イタリー）
アドニス・エルオカリシナ（アルメニア）
アドニス・フランメア（欧洲、近東）
アドニス・フルゲンス（小アジア）
アドニス・マクラタ（欧洲）
アドニス・ミクロカルパ（欧洲）
アドニス・パレスチナ（シリア）
アドニス・パルビフロラ（近東）

アドニス・ピレナイカ（欧洲）
アドニス・リパリア（北米）
アドニス・スクロビクラタ（アフガニスタン）
アドニス・シビリカ（シベリア、アルタイ）
アドニス・シブトルピー（ギリシャ）
アドニス・スチエンシス（支那）
アドニス・ヴェルナリス（欧洲）
アドニス・オルゲンシス（欧洲、近東、北アジア）

右の他なおたくさんの名称があるがそれらは上に挙げたる種類の異名である。なおある学者の説によると、上に挙げたる二十余種はじつはこれを数個の種となすことができるならんと言っている。

上の品種はこれを二組に分かつことができる。すなわち一つは一年生の品種にて、学問上ではこの組をアドニア区（Adonia）と称する。また一つは多年生の品種にて、この組をコンソリゴ区（Consoligo）と唱える。この第一区アドニアに属する品は赤き花を開くが、しかし第二区コンソリゴに属する品は黄金色の花を開く。わがふくじゅそうはこのコンソリゴ区に属する一種である。アドニア区に属するもの、すなわち一年生のものは日本にはないが欧洲に少なくない。すなわち上に挙げたるアドニス・エスチバリスやアドニス・オータムナリスやアドニス・デンタタやアドニス・フランメアや、またはアドニス・ミクロカルパ等はその品である。また欧洲に産するアドニス・ヴェルナリスやアドニス・ピレナイカやアドニス・アペンニナや、またはアドニス・オルゲンシスはわがふくじゅそうと同じくコンソリゴ区に属する。

さてわが福寿草はわが日本を通じて諸州に産する。すなわち北は北海道より南は九州薩摩の果てに至るまで、諸州の原野、丘隅あるいは山間に自然に産する。その花が顕著なるうえに衆花に魁して開くにより、古くより世人に愛翫せられ、ことに献歳の盆栽として大いに珍重せらるることは衆のよく知るところである。

このごとく栽えて人間間に持てはやさるるものは、地方では必ずしもそうではないが、東京のような都会に持ち出す株は山採りの荒草でなく、一度は植えて培養されたものである。すなわちその株はみな前記自然生のものを掘り取り来たりて初めてこれを家植の品にするのである。その産地の名のある処は武州青梅、秩父、信州、陸奥、岩代、ならびに北海道等である。北海道札幌辺では春雪融けるや否や、このふくじゅそうがここそこの丘隅に咲き出ずるにより、札幌の住人は競うてこれを採りに行き、これを盆栽として数ヶ月雪裏に屈託せる眼を喜ばすとのことである。

右のごとく、都会の地に持ち出すために山より採り来たりこれを家植して培植して培養せられおる中に種々の変り品ができ、あるいはたまたま自然にその自生地にあって変り品を発見して採り来たりたるものが、今日種芸家に貴ばるる品となり、種々園芸上の名を帯びて珍重せらるるものとなったのである。

ふくじゅそうの変り品をもてあそぶことの流行せしは文化の頃よりの事なり。これをもてあそぶこと流行するにつれ、珍しき品多く世に出ずるは自然の勢いである。そのころ奇品多く出でたのである。花色はもとより黄色を原色とすれども、その変り品の中には初め白色で後だんたん淡黄を帯び来るもの、ほとんど白色となりたるもの、あるいは淡緑のもの、あるいは紅色のもの、あるいは淡紅色のもの等ありて一様ならず。またその花形も、単に八重になりたるものもあれども、また大いに変わりたるものには二段咲三段咲の異品あり、また花弁大いに重畳して八重の菊花のごとくになりたるものあり。また撫子咲とて弁端剪裂してあたかも瞿麦の花弁のごとき状をなすものがある。その他畸形のものが少なくない。英国「キュウ植物園」のヘムズレー氏は、一八八七年に出版せる『ガーデナース・クロニクル』（英国出版の園芸雑誌の名）の誌上にてその変種のたくさんあることを世に紹介した。これは当時伊藤篤太郎君の周旋にて「キュウ植物園」へ購入せし日本書の中の福寿草に関せる小冊子を評記せしものである。この小冊子は多分その書名を『福寿草新図』と題せるならん。そしてふくじゅそうの園芸品二十一品を集め図したる書である。このふくじゅそうは寒き地方がこの草に適っているにより、北海道のものはなかなかに太くできかつさかんに繁殖しているが、九州辺のものはこれを北海道辺のものに較ぶれば小形であってできが悪く、かつその産する分量も少ない。

このふくじゅそうはその産地は単に日本ばかりではなくして、樺太にも産すればまたその対岸の黒竜江地方にも産する。支那には別の品種は三、四種産することは知られているが、まだこのふくじゅそうが同国に産することを聞かぬ。それゆえ、側金盞花、長春菊、歳菊、雪蓮、報春花などの漢名をこのふくじゅそうに当つるは非であると考える。

福寿草（承前）

ふくじゅそうの学名に関しては左の歴史を持っている。すなわちこの品が西洋の学者の眼に映ったのは一八四〇年頃であった。同じく四三年にツッカリニーという学者は、これをアドニス・シビリカ（Adonis sibirieca *Patr.*）に当てて公にしたのである。一八五二年に出版せるJournal Asiatiqueという雑誌にてホフマン、シュルテス両氏が日本の植物の目録を著わしているがその中にこのアドニス・シビリカの名が引用してある。しかしこれに当つるはもとより誤りであった。一八五九年にいたってマキシモウィッチ氏は、その著『黒竜江植物志』においてこれをアドニス・アペンニナの一変種ダフリカ（Adonis apennina *L.* var. davurica *Ledeb.*）に当てて公にした。その標品は無論わが日本のものでなくて、黒竜州黒竜江の右岸なるパレヤ山中ならびにその付近の地に採りたるものである。その標品はきわめて不完全のものであったにより、充分なる精査ができなかったものと見える。それゆえ前記の学名に当てたけれどもこれも誤りであった。その後レーゲルおよびラッデの両氏によりてこの品が正確に検定せられ、ここにはじめて一新種となることを証してアドニス・アムレンシス（Adonis amurensis *Reg. et Radde.*）の新名ができ、その図説を一八六一年に公にした。その後さらにフランシェ氏の研究等ありて、この名は今日まで用いられている。

今ふくじゅそうの形状を記すれば左のごとくである。

多年生の強きかつ多数に分れたる根を有する草本にて、あるいは毛なくあるいは疎に毛を有する。○茎は三寸ないし一尺ばかりありて単一あるいは分枝し天鵞の羽茎ほどの径がある。下部の方には葉がないが、しかしおよそ一寸内外の白色膜質の長鞘片があってこれを被うている。その鞘片の上部のものには、時としてその末端に葉を有している。○茎葉（じつは二ないし三葉連合せり）は三寸ないし六寸ばかりの長さと幅とがある。その下部のものには葉柄があるが、その上部のものは無柄である。葉の外形は円き卵形をなし、全く三裂して基部まで分れている。その裂片（すなわち真実の一葉）は羽状に分裂してまたその基部まで分れている。最末裂片は群集して線状長楕円形をなし羽状裂的に鋭く欠裂している。葉色は上面暗緑で裏面は色が淡い。葉柄（じつは一つの枝すなわち第二軸である）はその下部のものにあってはおよそ三寸内外あって一つの線状膜質の鞘と連合し、あるいはその鞘の腋に生ずる。○花はその直径がおよそ九分くらいより一寸七八分ほどあって本茎の頂に生じ、短き太き花梗がある。黄金色のものが普通である。○萼片は長楕円形で鈍頭を有し、内方窪面をなし淡緑色で、往々その背面暗色を呈している。○花弁は十二ないし十五片ほどありむしろ萼片より長い。狭長なる長楕円状倒卵形あるいはほぼ箆形をなし、その円き弁端は全辺あるいは嚙痕を印する。○雄蕋はその数はなはだ多く、ほぼ花弁の三分の一の長さがある。葯は細小にて長楕円形をなし黄色である。心皮は相集まりて一つの球形をなし、細毛を生ずる。花柱は子房と同長であって反更している。成熟せる心皮（すなわち瘦果）は球形で細毛を密布し、花柱は鈎状となりて心皮の上に曲がっている。

ふくじゅそうの茎葉は実際は二、三の葉が一枝の上に集まりてできており、それゆえこの植物はたとえその中茎の頂にただ一花を着けおるといえども、じつは花を着けざる枝を有する一品であり、かつこの有枝の状態は他のコンソリゴ区の品種もまたしからざるなしとは、フランシェ氏の吾人に示すところである。

フランシェ氏は日本にはなお別のふくじゅそうがあると唱えて、一八九四年にその学名を付けたものがある。その学名はアドニス・ラモサ（Adonis ramosa *Franch.*）である。この品はその茎ことごとく枝を分かちこの枝の末端にはまたさらに各一花を着くることとその親茎の頂に一花を着けおるがごときものである。その点が前記のふくじゅそう、すなわちアドニス・アムレンシスと異なるのである。

予は考えた。フランシェ氏はこのように二つに分かっているけれども元来はこれは一種のものであると。それゆえ予は明治三十四年『植物学雑誌』にて、その一方のものを一変種となし左のごとく記載した。

ふくじゅそう　Adonis amurensis *Reg. et Radde.*

えだうちふくじゅそう　Adonis amurensis *Reg. et Radde.* var. ramosa *Franch.* Makino

元来、日本でふくじゅそうと称する品は右の両品を含んでいる。べつにその間に区別をしていない。それゆえふつうにふくじゅそうと言えば、いずれを指すかあい分からぬ。予は仕方がないからその一つに前記のごとくえだうちふくじゅそうの新名を与えて、一方の一茎一花のものと区別した。しかしよく詮議してみると日本ではこのえだうちふくじゅそうの方が主になっているようだから、予は今この方をふくじゅそうと改め、一方の方をいちげふくじゅそうと改めた。

ふくじゅそうはまた元日草とも称する。またついたちそう、ふくじんそう、ふくずくさ、ふじぎく、ふくとくそう、まんさく、たけれんげ、しがぎく、さいたんげ等の異名がある。

従来福寿草の変り品がずいぶん多くあることは種々の書物にも見えおるが、なおいっそう面白き変り品を作らんと欲すれば、人工媒助によって種々の変り品をさらに媒合せしめ、あるいはまた欧洲等より種々の品種を取り寄せて培養し、これを本邦のものと媒合せしめて奇々妙々の間種を作ることは園芸家に取りては極めて興味あることと思う。いつも旧時代の自然まかせの変品製造法はもはや今日どこの方面にも雄飛せねばならぬ日本国民の主張ではないのである。とかく日本の種芸家は、人工媒助のことには冷淡でいけない。この方法は変り品を作る一つの鍵なるにかかわらず世人があまり顧みないのはまことに惜しむべしだ。全体日本の種芸家には、ふつうの植物学を学んだ人が少ないので、媒助の理屈やその方法がいっこうに分からぬうえに気長くその成果を待つ根気にも乏しいので、そんなことからこの術をやってみぬものが多い。今日、自然に任せておいて変り品のできるのを僥倖するなどはじつに迂遠きわまったことではないか。

日本のふくじゅそうは、ただ上の一つであるが、隣国の支那には三、四種の品がある。みな日本には産せぬものばかりである。次にこれを挙げてみよう。

一●——韃靼ふくじゅそう

学名　Adonis apennia *L.* var. davurica *Ledeb.*

この品は蒙古北部韃靼に産する。これは欧洲産なるアドニス・アペンニナの一変種で、非常にわがふくじゅそうに近い。それゆえマキシモウィッチ氏がふくじゅそうをこれに当てたことがあることは前に記したとおりである。ヘムズレー氏はこの品をアドニス・ヴェルナリス（Adonis vernalis *L.*）だと記した。しかしマキシモウィッチ氏の説に従えばそうでないとのことである。この品はまた朝鮮にも産する。またバイカルならびにウラル地方にも産するとのことである。

二●——淡紫色ふくじゅそう

学名　Adonis caerulea *Maxim.*

この種は甘粛省に産し、またチベットの東北部に産する多年生の小本にて、茎多く出で茎上には多くの葉がある。花は細小にて淡紫色あるいはときに白色、淡紅色のものがある。

三●——ダビド氏ふくじゅそう

学名　Adonis Davidi *Franch.*

この種は前種アドニス・シールレアに類似す。四川省に産する。

四●——四川省ふくじゅそう

学名　Adonis Sutchuengis *Franch.*

この種はわがふくじゅそうに類似し、四川省に産する。

右の四種が今日吾人に知られたる支那産のふくじゅそう属の品種である。

欧洲では花の赤いふくじゅそうがある。しかし一年生であるが、花が赤いとは面白いではないか。欧洲へ便宜のある人はその種子を呼んだらいいだろう。アドニス・エスチバリス（Adonis aestivalis *L.*）、アドニス・オータムナリス（Adonis autumnalis *L.*）などはその赤花の種である。

五●——ゆきおこし

ゆきおこしはかざぐるまの一変種であって人家に培養せられている。ある人はこれにClematis florida *Thunb.* var. Sieboldii A. *gray.* の学名を当てているけれども穏当でない。このゆきおこしはてっせんの変種ではなく、前述のごとくかざぐるまの一変種である。ゆきおこしはその茎も葉もあえてかざぐるまとは違わぬが、その花が八重になっている。花色は白もあれば淡紫色をおびたものもある。その花の下の葉は、他の葉の対生なるに拘わらない。これは数葉輪生しておって、なおときにその中のものが花弁状をなしたものがある。この輪生葉は花より長くかつ長き葉柄をそなえて、あるいは単形のものもあればあるいは深く三裂したものもある。また三出葉のものもある。色は緑色で常葉と同質である、この葉叢はときに密接しておって花をして無梗たらしめていることがあるが、また花より遠ざかりおりて花は明らかに有梗のことがある。花の直径はおよそ三寸ばかりもあって開展している。萼片が狭くなりて基部は柄となり、雄蕊の外部のものが大いに変形して萼片と同じ形状また大きさとなり、数十枚相重なりおりてここに八重咲となっている。その各片には赤柄ありて、頂端は微尖頭をなし全辺で裏面には細軟毛をしいている。形は倒披針形あるいは倒卵状披針形である。雄蕊の内部のものは本然の形状を保有し、ときに花によりては多少変態を呈したものもある。その中で葯に毛のあるものもあれば、あるいは葯の上半が花柱と化してその上端を除くのほか毛を密生するものもある。雄蕊は大いに花弁状片より短く多数ありて正品とあまり違いはない。この品はたぶん諸処に培養せられているだろうが、予はその実物を下野の日光の人家で見た。花色はごく淡き紫色をおびておった。小石川植物園にもある。同園のものは花が白色であったように覚えている。

この変種はたぶん支那より来たったものであろうと思う。

日本産つつじ並びにしゃくなげの類

つつじの類としゃくなげの類は、植物学上ではもとより同属であって、すなわち皆ことごとくRhododendron属に属するものである。通常はつつじの類はAzaleaの属となし、しゃくなげの類はRhododendronの属のものとなしてあることがあるが、昔はそのとおりで通じておったものであるが、だんだん種類が発見さるるに従うて、この二つの属に分かちておくことができなくなり、今日ではこのAzalea属はRhododendron属へ合一してしまい、もってつつじ類もしゃくなげの類もいっしょに右のRhododendron属に入れてあるのである。しかるに今もなお昔よりの旧慣に従うて、つつじの類をAzaleaと言っていることを見受くることあれども、植物学上ではもはやこの旧説には従っていない。それはなぜであるかと言うと、もと、花は五雄蕊を有するものがこのAzalea属のものであって、わがやまつつじのごときものが、これに属しておったが、その後にいたって、この属に属すべきもので十雄蕊のものが出てくるようになり、また葉も落葉のものがあるかと思えば、同緑のうちにて常緑のものもありて、その雄蕊の数といい葉の生存の状態といい、共にRhododendron属所属の品種と別に区別することができなくなったので、それゆえついにこの Azalea 属の諸種を挙げて Rhododendron 属に入れたのである。

この Rhododendron 属はしゃくなげ属と称する。このしゃくなげ属はいかなる形状の植物を含んでいるかと言うと、左に記したる標徴を花葉等の上に現わしおるものはことごとく皆この属に属する植物である。すなわち灌木か矮灌木かあるいはたまに喬木であって、あるいは全体に毛をおびないものもあればまた毛のあるものもある。あるいは細小なる鱗甲をかぶるものもあって、枝はあるいは輪生しており、あるいはしからざるものもあるのである。葉は互生しているが、たいてい枝の末端に集まり付き、中には輪生しているかのように見えている。全辺であって、その質はかたくいわゆる革質をなしているものもあるが、また薄くて膜質をなしているものもないでもない。しかして枝上に一年間付いているものもあるがまた二年間付いているものもある。また三年間も緑色を保っているものも見受けらるる。花は大形顕著で多くは繖房状をなしているが、この花軸が延んでおらぬために、繖形を呈することが少なくない。またたまにはほぼ総状をなしておって、花穂にはあるいは花が多数に付きあるいは少数のものもある。また花穂は枝の末端に頂生することもあれば、または枝の側方に腋生することもある。また稀には花が一個一個独在しているものがある。萼の状は種々あって、全く五個の萼片に分かれたもの、五歯に刻まれたるもの、皿状をなすもの、漏斗状、すなわち椀の形状をなすもの等がある。また全く不明に帰せしものもある。またかたくて革質をなしたものや、広くて葉状を呈したものなどもありて、花後までも残りて宿存している。花冠もまたその状が種々であるが、多くは漏斗状か、あるいは鐘状をなしているが、稀には筒状のもの、盆状のもの、もしくはほぼ車輻状をなしたものがある。舷部は多少歪形であって、あるいは五裂し、または六ないし十裂し、または稀に五深裂もしくは六ないし十深裂するものがあり、またたまにはほぼ両唇状を呈するものがある。しかしてその裂片は、蕾の時はたがいに相重なりて覆瓦襞をなしている。雄蕋は八ないし十個あれども、また五個もしくは十二ないし十八もあるものがないでもない。しかしてその長短が一年中多少不ぞろいであって、たいてい一方に偏倚しているが、稀に平開して出ているものがある。花糸は鍼形を呈せる糸状であるが、あるいは短きものもあればあるいは肥厚しているものもある。多くは下部に粗毛あるいは長毛がある。葯は背部を以て花糸に連なり、あるいは短くあるいは長く、しかして直立しあるいは内曲しあるいは一処に輻輳(ふくそう)している。背部には距も何もこれなく、葯胞の頂にある小孔にて開裂し花粉を糝出する。花中に花盤があって多くは肥厚し鈍歯がある。子房は五ないし二十室に分れ、花柱があってあるいは短くあるいは長い。しかして一方に偏倚しあるいは内曲している。花柱の末端の柱頭は小頭状を呈して、五ないし二十室に刻まれてある。子房の各室内には多数の卵子があって、その各室の内方より出でたる胎座の角の処に、多数の列をなして付着している。子房はのち熟して蒴と称する果実となり、形は短きもあり、長きもあり、木質にて子房と同じく五ないし二十室に分れ、のちいわゆる胞間開裂をなして末端から五ないし二十個の殻片に開裂し、その殻片は胎座を有せる一つの中軸より離るるのである。種子は多数ありて鋸屑状を呈し、核は細小で長楕円形である。種皮は網状でその両端は往々延出して分裂している。胚乳があって胚は円柱形をなしている。

このしゃくなげ属にはたくさんの種類があって、アジア・欧洲・マライ群島ならびに北アメリカに産し、その他の地方にはこれを見ない。往々その一種が一緒に集まって生じているが、また品種によってはばらばらに散在している。たとえばわが日本の種類で言えば、しゃくなげ等は林をなして集まっているが、みつばつつじ等は個々別々に散在している。しかして右地方に産する種類はその総計およそ百三十余種（園芸上の多くの変種変品は無論算入せず）もありて、その最も種類多き地方はインドのヒマラヤ山地方である。英国の植物学者 Hooker 氏の著なる『シッキン・ヒマラヤ』のしゃくなげ類の図説は、同山におけるしゃくなげ類を図説して大いにその雄大と優美とを発揮したるものにて、同書をひもとくものはだれも同地の品種の世に優れたるを嘆賞せぬものはない。さすがに世界第一のヒマラヤ山にそうたるしゃくなげたるに恥じぬのである。

わが日本産の品種については Blume 氏も書いたことがある。Zuccarini 氏も書いたことがある。または Miquel 氏も書いたことがある。または Gray 氏 Franchet 氏なども書いたことがあるが、その最もよく研究してその各種を挙げて精密に考査し、もってその結果を公にしたのは露国の植物学者なる Maximowicz 氏その人である。じつに同氏の著なる『東亜しゃくなげ族志』は、東亜に産する同族の品種における唯一の指針であって、東アジア所産の同族の品種を研究する人には、じつに一日もなかるべからざる貴重の一書である。しかしこの書が西暦一八七〇年、すなわち今より三十八年前に公になった後に、発見命名せられたわが日本産の品種は無論この書中には収められてはいないが、これらの品種は数種を下らぬのである。下に日本産の品種を挙げてみようが、しかし園芸的変種ならびに変品は、たいていこの中より除かれている。これらの園芸的変種ならびに変品についてはははなはだ不案内なれば、この方面のことは園芸者に譲ることとした。

しゃくなげ性の品種

きばなしゃくなげ　Rhododendron chrysanthum *Pall.*

この種は日本中部以北の高山に産し、常緑の低矮なる灌木であって黄色の花を開くのである。枝は通常地を這うて生じ、宿存せる鱗小片を以てまだらにおおわれている。葉は大ならずしてほぼ車輪状に出で、枝の末端にあっては集合して生じている。倒卵状長楕円形をなして、末端は鈍頭あるいは円頭をなし、下部は楔形を呈し葉柄を有する。全辺で質は厚く毛はなく、葉脈は上面にあって陥凹し、下面の色は上面の緑色より薄い。長さ一寸五分ないし二寸ばかり、幅は六、七分ないし一寸ばかりである。花芽の鱗片は広闊で、その内部のものは長くて密軟毛を生じている。花は枝頭に出でおよそ三ないし六個繖房状繖形をなして出でている。花梗は直立して細毛を有し、およそ一寸ばかりの長さがあるが、果実のときはこれより長くなる。萼は細小で圧着せる五歯がある。花冠は広き漏斗状で直径およそ一寸余もある。十個の雄蕋と一雌蕋とがある。

しゃくなげ　Rhododendron Metternichii *Sieb et Zucc.*

このしゃくなげを最も古く学問的に記載せしは Blume 氏であって、同氏の命名したる Hymenanthes japonica *Bl.* はこの品の最旧の学名である。しかしその前に Thunberg が Rh. maximum *L.* に当てて簡単に記したことがあれども、しゃくなげをこの学名の品に当つるは当を得ていない。この Blume 氏の名が最も古いから、予はそのわがしゃくなげのために設けられたる属名を採ってこれを種名となし、しゃくなげの学名を Rhododendron Hymenanthes *Makino* と改訂したことがある。

このしゃくなげには三つの変わりたる名がある。その一は九州四国の山中に産するしゃくなげであって、その花冠は七裂している。予はさきにこれをしゃくなげの普通品と区別せんがためにつくししゃくなげ、またはおおしゃくなげと新称した。これは花冠が七つに分裂しているから、花体もしたがって大きく、かつ花色も美にして花数も多いためはなはだ見事にて、わが邦しゃくなげ類中の最優品である。

その二はふつうのしゃくなげであって、この品は花冠が五裂している。この品はわが邦の中部ならびにやや北部の山中に生じ、このやや北部の地ではしろしゃくなげ（下に出ずる）と同じ山に生じているのを見受けることがある。

この二つの品はその葉の裏面には、往々鉄銹色の綿毛が密布することがあるが、また全くこれなきものもある。雄蕊は十個ありて花冠よりは短い。

またその三はほそばしゃくなげである。この品は右の第二のしゃくなげの一変種にて、その花冠はやはり五裂し葉は狭長である。葉裏には鉄銹色の密綿毛をしいている。この品は遠州の信州境の山中に生じており、同地のしゃくなげはみなこの品であるとのことを聞いたことがある。

しろしゃくなげ　一名　はくさんしゃくなげ　Rhododendron brachycarpum *G. Don.*

中部および北部日本の深山に生じ、ふつうのしゃくなげよりは葉薄く長さも短く、葉裏は淡緑色あるいは淡茶色にて、葉底は円形あるいはほぼ心臓形を呈している。しろしゃくなげの名はあれども、その花は純白なるにはあらずして、ときどき紅暈がある。花体はしゃくなげより小さくて、その花冠内面の斑点は帯緑色あるいは濁紫色にてちょっと異形に見ゆる。舩部は五裂し、雄蕊は十個ありて花冠より短い。この品はあまり東京などに植えてあるを見ない。山中にあっては、ときにはその雄蕊が弁化して一つの合弁状を呈し、その花はここに二重の観をなすものがある。これは園芸品としてすこぶる面白い品であるが、しかしはなはだ乏しい。予はこの変品を、ゆえありて根本莞爾氏の姓を採りてこれをねもとしゃくなげと称し、その学名を Rhododendron brachycarpum *Don.* var. Nemotoi *Makino* と定めたが、その発見者は中原源治氏である。

ひかげつつじ　一名　さわてらし　Rhododendron Keiskei *Miq.*

この品はMiquel氏が本草の大家伊藤圭介翁の名を採りて命名記述せるものにて、その葉のしゃくなげより小形なると花色が黄であるとにより、すこぶる珍重せらるる一種である。その樹は小灌木をなして四時葉がある。葉は両端尖り一、二寸の長さがあってほぼ輪出し、枝の末端の方に集まり付いている。花は一ないし四個ばかり枝頭に出で、およそ四ないし八分ばかりの花梗を有しており、花はおよそ一寸内外の径があり、雄蕊は十個ある。この種はその葉の裏面に細点が散布されているので、他と区別することが容易である。

せいしか　Rhododendron ellipticum *Maxim.*

本種はわが八重山列島中の西表島ならびに支那南部の原産であって、東京ではたまに培養されているが花がめったに出ない。小石川植物園などのものはまだ一度も花が出たことはないが、久留島子爵の愛植せられたるものには、ときどき花が咲き、予は同子爵の好意でその花枝の恵贈を辱（かたじけの）うし、それがためはじめてせいしかの完全なる図説を作ることができたので、予はこれを東京帝国大学出版の『大日本植物志』第三集にて世に公にした。今その委曲を知らんとするの士はこの書について見られたい。また『日本園芸会雑誌』へも出しておいたから、その雑誌でも分かるのである。その葉は輪生状をなし、あまり大形ではない。緑色であるけれども往々紫色に染んでいる。花は枝頭に一、二個を出し、広き漏斗状をなし、淡紅色できわめて優美である。このごとき花が枝梢に満ちて咲いたなれば、まことに見事なことであろうと思う。田代安定氏は明治十八年八重山列島中西表島の深山中にてはじめて本種を見出されたが、当時同氏はこれを東京の花戸に培養するいわゆるせいしかと別の種類ではないかと考えられ、よってやえやませいしかと新称したが、しかしこの品はやはり東京で呼ぶせいしかと同品であることを予は考定した。田代氏の記するところに従えば、西表島にあっては本種の幹は高さ丈余に達し、囲み一尺ばかりを産し喬木の態を呈しているということである。

さくらつつじ　Rhododendron Tashiroi *Maxim.*

本種は大隈の種子島にも産し、または鹿児島県下の大島にも見、また琉球の沖縄島にも産する。田代安定氏に従えば、大島では方言をさくらと呼ぶということである。葉は常緑で形はあまり大きくない。花は淡紅ではなはだ優美なのである。

つつじ性の品種

みつばつつじ　Rhododendron dilatatum *Miq.*

本種は最も早く花を開く一種で、まだ葉の出ない前に花を出すのである。花は紫花で枝の末端に一、二個を出し、花梗があって花径はおよそ一寸三、四分もあろう。花冠は五裂し雄蕊は五個ある。子房はただその表面に細腺がしかれて毛がない。この花が四月頃に開いて、山中のまだあまり芽の出ない雑木の間に加わりて独り目に付く風情は、きわめて棄てがたい眺めである。葉は花が離れて後に舒長し枝端に三枚ずつ生じているからみつばつつじと称するのである。この種の正品は雄蘂が五つしかないが、土佐の国には十個あるものがあって一つの変種をなしている。予はかつてこれをとさのみつばつつじと命名し、学名を Rh. dilatatum *Miq.* var. decandrum *Makino* と定めてこれを世に公にした。

こばのみつばつつじ　Rhododendron rhombicum *Mio.*

この種はわが邦の中部以南の山地に多く見るので、形状は前種とははなはだ類似しているが、しかしその葉が少しく小さくかつ雄蘂が十個あり、子房に長毛を密生せるによりて区別せらるるのである。花は前種のごとく紫色であるが、きわめて稀に白花のものがある。予はこの白花の品をわが郷里なる土佐の国の佐川の山地に得たことが一度あるが、今日にいたるまで二度と白花品には出会わない。この白花品はすなわち一つの変種であって、しろばなのみつばつつじと称せられ、学名は　Rh. rhombicum *Miq.* var. albiflorum *Makino* である。

ほんつつじ　Rhododendron Weyrichii *Maxim.*

四、五月の候土佐の国などにありて、ここ一簇あそこに一株と、赤く野山を装飾するはこのつつじであって、この品は土佐のみならず、九州にも産すれば本州の西南部にも産する。その産地にあってはふつうの品であるが、東京ではあまりこれを植えたるを見たことがない。花は葉に先だちて出ずるものもあれば、また新葉とともに出ずるものもあって赤色を呈し、これが多数に枝に満ちたときははなはだ見事である。しかしあまり上品な花ではないのが少しの欠点である。雄蕋は十個ありて、子房には長毛を有する。葉は三枚ずつ枝端に出でて平開し、みつばつつじの葉より形が大きい。マキシモウィッチ氏は葉が二枚ずつ出ると書いたけれども、これは一般の通態ではないので、三枚ずつ出るのがふつうである。花の脇に出る小枝の末端の葉は、ときとするとその内方のものが不熟に帰して、ただ二枚の葉が発達していることがある。マキシモウィッチ氏はこのごとき状態の標品について記したものとみえる。

れんげつつじ　Rhododendron sinense *Sweet.*

この種は支那にも産するが、わが日本にも諸州の山地あるいは原野に自生がある。また人家に植えてあってよく人が知っている。花色は黄赤色のもの、すなわちこうれんげつつじがふつうであるが、また樺色のものや黄色（きれんげつつじ）のものがある。花のとき葉はきわめて嫩いが、花後に舒長して長楕円形をなし、薄くして鈍頭を呈しまばらに毛がある。花は繖形に出でて長き花梗を有する。果実は形大きく卵状長楕円形で、縦に深き溝がある。羊躑躅とは本品であって毒があると言っている。

くろふねつつじ　Rhododendron Schlippenbachii *Maxim.*

この種はわが日本には産せぬが、前から渡り来たって今は諸処に培養せられている。その原産地は露領満州ならびに朝鮮である。新春葉とともに花を出すが、花は大形で枝端に繖形に出で、五裂せる花冠は輻状鐘形を呈し二寸余の径がある。淡紅色で内面の後部に淡緑色の斑点がある。雄蕋は十個ありて、花梗には腺毛がある。葉は五枚ずつ枝端に集まり付き、大形で広闊なる倒卵形をなし、葉頭は円状截形あるいは鈍状凹頭形を呈している。灌木であって嫩枝には腺毛を生じているが、後にはまったく無毛となる。

むらさきやしおつつじ　Rhododendron Albrechti *Maxim.*

本種はわが邦の中部ならびに北部の山地に生ずる落葉灌木であって、葉は枝頭の方に集まり付き、質は厚くなくして倒卵状長楕円形をなしており、葉縁には縁毛があり、上面には薄く散毛があり下面の中脈上には白毛が密生している。花は新葉とともに枝頭に出で繖形をなしており、花梗は長くて毛がある。花冠はおよそ一寸五分ばかりの径があって紫色を呈し、雄蕋は十個を有する。この種ははじめ北海道にて Albrecht 氏が採集したから Maximowicz 氏がこの人の姓をその種名に名づけたのである。

もちつつじ　Rhododendron macrosepalum *Maxim.*

わが邦中部地方諸州の丘阜（きゅうふ）等に野生せる一種であって、また四国にも産する。東京付近の地ではこれを見ることがないが、しかし観賞用として培養しているものは少なくないのである。小灌木であって、その小枝には長毛をかぶりまた葉にも毛が多い。葉は倒披針形あるいは楕円状披針形をなし、短き鋭尖頭を有して小枝の頂端に簇生している。葉質は厚くなく、葉脈は上面にあって凹入し、葉面はために多少皺を呈している。花は淡紅色で繖形をなして枝頭に出で、新葉の出ずる少し前に開き、花梗は長くて花芽の鱗片より上に超出し萼と同長であって、腺毛をかぶっている。萼裂片は緑色で長形で、線形あるいは披針状線形をなし、鋭尖頭を有し腺毛があって粘着する。長さはおよそ七、八分もある。花冠は漏斗状鐘形であって五裂し、裂片は長楕円形を呈している。雄蕋は五本ありて、蒴果には腺毛あって下に宿存せる萼を伴うている。その培植せるものの中で花冠が深裂して、その裂片が披針状線形をなしているものがある。これを学術上 Var. rhodoroides *Maxim.* と称する。またせいがいつつじも予が考えではもちつつじの一変種である。次条にこれが形状を述べよう。

せいがいつつじ　Rhododendron macrosepalum *Maxim.* var. linearifolium *Makino*

（= Rh. linearifolium *Sieb. et Zucc.*）

このせいがいつつじは、これまで一種独立のつつじであると泰西の学者も園芸家もそう思うておるが、しかしこれは決して独立せる種ではなくして、ただもちつつじとの一園芸的変種である常緑の一灌木本であって、枝は輪生し長き粗毛を密生すること、もちつつじと同様である。葉は小枝の末端に集合して線形を呈し、葉柄を有して葉頭は鋭尖をなしている。花は一ないし三個集まり出で、小梗は萼と同長であって、腺毛を生じている。萼は五深裂し裂片は狭長で線形をなし、鋭尖頭を有し、直立して腺毛がある。花冠は紅色で基部まで五深裂し、裂片は線状披針形をなし長き鋭尖頭を有し、外反して蕚の倍長である。雄蕋は五あって花冠と同長、子房は密に毛を生じている。

りゅうきゅうつつじ Rhododendron rosmarinifolium *Makino*（＝Rh. ledifolium *Don*）

常緑の灌木であって多く枝を分かち、小枝には平臥せる粗毛を有する。葉は披針形で鋭頭あるいは鈍頭をなし、葉底は楔状鋭形を呈している。短き葉柄があって革質をなし葉縁および両面に細毛がある。花は白色を呈し、枝梢に一ないし三個集在し、一寸四、五分ないし二寸ばかりの径がある。小梗はおよそ三ないし四分ばかりの長さがあって、平臥せる粗毛を密生している。蕚は五片で緑色を呈し、披針形あるいは狭長なる卵形をなし鋭頭を有し、およそ四分ばかりの長さがあって腺毛を生じている。花冠は漏斗状鐘形をなし、後面に点がある。五裂して裂片は楕円形を呈している。雄蕋は十個ありて少しく花冠より長く、花柱は雄蕋より超出している。この品は諸処に培植してはあるが、その自生地がわが邦にあるや否やまだ不明である。

この種に左の変種がある。

むらさきりゅうきゅう（Var.purpureum）。花は紅紫色を呈する。諸処の庭園に培植せられふつうにこれを見るのである。

よどがわつつじ（Var. narcissiflorum）。花は八重にて、白花のものもあれば紫色のものもある。

もとより培養せる園芸的の一変種である。

しべつつじ（Var. cryptopetalum）。園芸的の一変種であって、花はせいがいつつじに似ているが、その花冠の裂片は小形不明でかつ鈍形を呈しており、ただ雄蕋と雌蕋とが常形を呈している。

いそつつじ　Rhododendron ripense *Makino*

常緑の小灌木であって繁多に枝を分かち、枝は輪生し小枝には粗毛が生じている。葉は小枝の梢頭に集まり付き狭き披針形をなして、鋭頭あるいは短き鋭尖頭を有している。長さ一寸ないし一寸六、七分、幅二分ないし四分ばかりありて薄き革質をなし、表面に毛を有しかつ縁毛がある。葉柄は短くて密毛を有する。花はきわめて淡き紅色であって一ないし三個繖形をなして小枝頭に出で、新葉と時を共にしている。小梗は直立し細毛は生ずれども腺はなし。萼は五片ありて狭披針形を呈して尖り、緑色で腺毛を散布し、長さおよそ五分ばかりである。花冠は漏斗状鐘形でおよそ一寸三分ないし一寸七、八分の径があり、五裂してほぼ二唇を呈しており、裂片は楕円形もしくは長楕円形である。後面に斑点を有する。十雄蕋があって花冠より長くはなく、花柱は少しく雄蕋より長い。蒴果は宿存せる萼片より短く、平臥せる粗毛を有する。

この種は東京辺では往々庭園に栽植せられているが、その名はわかさぎと聞いたように覚えているが、これが果して確かなのかどうかは知らない。四国にありてはこの種が大河の岸に自生しており土佐の国の越知村（おちむら）辺では方言をいそつつじと呼ぶのである。すなわち仁淀川（によどがわ）の川縁に多い。

また伊予の国の銅山川(どうざんがわ)の河岸にも多くこれを生じている。

この品はりゅうきゅうつつじならびにむらさきりゅうきゅうとははなはだ相似ているが、しかしその葉はこれらより狭く、花冠の裂片はそれより狭く、また花色は薄くて、これまたそれより違っている。

うんぜんつつじ Rhododendron serpyllifolium *Miq.*

わが邦のつつじ中にあって最も小形なる葉を有する一種にて、常緑の小灌木をなし繁多に枝椏を分かち、小枝は纖細にして平臥せる粗毛を有している。葉は倒卵形あるいは倒卵状長楕円形で、鈍頭もしくは鋭頭を有し、基部は楔形を呈している。きわめて短き葉柄を具え薄き革質をなし、上面には平臥せる粗毛を散布し、下面は薄く中脈状に毛を生じている。花は淡紫色を呈し、細小で枝頭に一個ずつ出で、およそ四、五分の径がある。はなはだ短き小梗を具え、小梗には平臥せる毛を密生している。芽鱗はわりあいに大形である。萼片は微細で毛がある。花冠は漏斗形を呈して五裂し、裂片は楕円形である。五雄蕋があって花冠より長く、また花柱は雄蕋より長い。

この種は栽植せられて観賞用に供せられているが、またわが邦に自生がある。この一変種に白花の品があって、これをしろばなうんぜんつつじ（Var. albiflora *Makino*）と称する。その枝椏は疎にて、葉と花とは少しく大きく花径はおよそ六分ばかりである。この品は西部日本の山地に自生している。

うんぜんつつじは温泉つつじの意であろうと思う。そしてこの温泉は肥前の国の温泉岳より来たりたるものであろうが、しかし温泉岳には右のうんぜんつつじはこれなく、全く他の小葉のつつじ、すなわちやまきりしまである。世人がこのやまきりしまの小葉であるところを見て速了し、もって前述の品をうんぜんつつじと呼び始めたものであろうと思う。

こめつつじ　Rhododendron Tschonoskii *Maxim.*

深山に生ずるつつじの一種であって、小灌木をなし繁く枝椏を分かち屈曲している。葉は小形できわめて短き葉柄を具え、広き倒披針形あるいは倒卵形あるいは長楕円状倒卵形あるいは楕円形をなし、鋭頭を有し、基部は楔形を呈している。表面に平臥せる毛を散布し、小なるものは一分余、大なるものは七分ばかりの長さを有する。花は白色で小形で小梗を有し、一ないし四個ばかり小枝端に繖形に出で、細微の毛あり、五あるいは四萼片を有し、花冠は五あるいは四裂し、五あるいは四雄蕊がある。この品の花は両形があって株によりて異なっている。すなわち、一つは花冠大にして筒部短く裂片大なるものである。今一つのものは花冠小にして筒部長く裂片小なるものである。この両方とも各花冠四裂して四雄蕊を有するものと、または花冠五裂して五雄蕊を有するものとがありて、各株を異にしている。花冠は通常純白色であるが、これに紅色を帯びて美なるものが信州八ヶ岳の箕冠（方言）の山頂に生じている。

このこめつつじの一種におおこめつつじ（Var. trinerve *Makino*）がある。これはその枝舒長し、葉は少しく大きくして三条の大脈がある。花冠は四裂のものと五裂のものがあって、四裂のものには四雄蕋を有し、五裂のものには五雄蕋を具えおる。このおおこめつつじも深山に生じて、その花は白色である。小灌木であって小枝には平布せる粗毛がある。葉には短き葉柄を具え楕円状披針形をなし鋭頭を有し、下部は楔状鋭形を呈している。大なるものは長さ一寸幅四分に達するものがあって、平布せる毛を両面に散布している。

箱根の植物

箱根の植物はその地の接近せしゆえばかりでなく、太古よりその由来するところが同じとみえ、駿州富士山方面の植物と類似しおることはこれをその他の付近の植物に比すればいっそうはなはだしき点があるように感ずる。すなわち箱根・富士方面は植物分布上多少自ずから一区をなし、この両地が同じくもと火山であってその地勢が相似ているより、ここに適応して生ずる植物にも、同じものが多いわけならんと思う。そしてこれらの中にはこの土地でなければなかなか得難きものがあり、また他の地でも見出すことのできるものもあるが、植物分布あるいはその種類を調査しまたは玩味する人々に対して箱根はすこぶる興味ある一区の一つに算えらるる。しかしこれを他の方面に比してその状態が非常に異なっており、またその植物の種類が多数群を絶って違っていると言い得るほど、特別に異采を放っているではないが、ともかくも植物についての箱根は一顧の価値ある土地の一つであると言ってもさしつかえがない。しかし富士山よりははるかに低いから、その植物の分布も最高の処で灌木帯を出でてはおらぬ。それゆえいわゆる高山植物の種類ははなはだ少なく、まことに寥々たるありさまである。

植物研究の歴史

箱根は植物上には歴史を有しておってすこぶる吾人に感興を与えるのである。すなわち西暦一六九〇年、わが元禄三年、かのドイツ人 Engelbert Kaempfer 氏がはじめて長崎へ来たり、その翌年の春、オランダ貢使に従うて江戸へおもむく途次この箱根山を越え、山中にてはこねそうを見て、この草は婦人の産前産後に用いて薬効ありと教えしことがある。同氏帰国後、すなわち西暦一七一二年に出版した同氏の著『外国奇聞』(Amoenitarum Exoticarum) にはその八百九十ページに Fakkona Ksa として、箱根山に産し薬用になる由記載がしてある。このはこねぐさは羊歯(しだ)の一種で、本草家は従来これを『本草綱目』の石長生に当てているが、果して正しいかどうだか、わが邦の植物をこのごとき漢名で呼ぶことの嫌いな予には、いっこうにその当非を詮議したことがない。学術上の名称は Adiantum monochlamys *Eaton* である。このはこねそうは必ずしも箱根に限って生ずるわけではなく、その他諸州の山地に見るのであるが、この地にもまたこれを生じておったもんだから、たまたまこの遠来の珍客に認められたわけである。そしてこのはこねそうの名は、このときよりできたもので、また一つにこれをおらんだそうと呼ぶのは、かく洋人の首唱で世に出たからでもあろうが、この草の葉柄、葉軸ならびにその枝は紫黒色で光沢がある。これを束ねて小さきホウキを製する。これを「たまぼうき」と唱える。すなわち机上の雅品である。

次にかの有名なるLinné氏の高弟で医士兼植物家なるC. P. Thunberg氏が西暦一七七五年、わが安永四年に長崎に来たり、その翌安永五年春またオランダ貢使とともに東海道の諸駅を過ぎついに箱根を越えて江戸に到着せしが、その箱根山を通過の際はその筋から特に徒歩を許されたそうだ。同氏は非常によろこんでその大峠の八里の間、左顧右眄しきりに山中の植物を採集したということである。それゆえ同氏が一年間ほどもわが日本に滞留し、帰って著わした『日本植物志』(Flora Japonica. 西暦1784年開版)の中には箱根(Fakonaとあり)の地名が、そこここに散見している。ことに同山に多きくろもじについてはその図まで掲げてあって、その記載文のはじめの方にはKuro Mojiなる和名があり、またその終りにはわが邦人がその材にてつまようじを作ることが付記してあってこれにLindera umbellata *Thunb.* なる新学名が下してある。

しかるにその後の学者Siebold氏、Zuccarini氏、Blume氏、Meisner氏、Miquel氏、Franchet氏ならびにMaximowicz氏など、みなこのThunberg氏所有の植物をわが邦中部以南の山地に生ずるかなくぎのきと間違えて記述し、Maximowicz氏のごときは、上のごとくこのくろもじの学名があるにかかわらず上記のごとき誤謬に気が付かずして、さらに新しく箱根産の同じくろもじに、別の名称すなわちLindera hypoleuca *Maxim.* と名づけている。元来箱根にはかなくぎのきは生じておらぬのみならず、この木の材ではあえてつまようじを製することがない。くろもじの花は株によりては新葉の出ずる前に開くものもあるが、また新葉とともに出ずるものもありて一様ではない。Thunberg 氏の図説したものは後者である。

学術と植物名

次に箱根は、横浜の開港場に近くかつ温泉場なるうえに山中には芦の湖の鏡を開くあり、付近には富嶽の矗立してこの山に対するありてその風光景致の凡でないところより、横浜ならびに横須賀に在留もしくは上陸せる西洋人のこの地に来たりしものが少なくない。中には同地の植物を採集せし Savatier, Bisset 等の諸氏などありて、これらの採集品はその後みなしかるべき植物専門家が検定してその種類を定め新名称を下せしものが少なくない。中には記念として箱根の地名がその植物の種名となりしものなどありて、植物社会の方でも自然にこの箱根が有名のものとなっている。その箱根の地名が種名となっているものには、こおとぎりの Hypericum hakonense *Franch. et Sav.* みやまふゆいちごの Rubus hakonensis *Franch. et Sav.* いわにんじんの Angelica hakonensis *Maxim.* ひながやつりの Cyperus hakonensis *Franch. et Sav.* はりすげ一品の Carex hakonensis *Franch. et Sav.* ならびにひめのがりやすの Calamagrostis hakonensis *Franch. et Sav.* などの種類の植物がある。これらの品はあえて箱根の特有品というのではないが、はじめて検定命名者の眼に触れたものはこの箱根の採集品である。

理科大学の採集

略々上に述べしごとき山であるから、わが帝国大学理科大学からも明治十年以後しばしばこの山に植物の採集を試みた。それえゆえ只今も理科大学の標品室にはこれらの標品が保存されてある。近年でこそ大学ではあまりこの山に採集をしないが、以前はときどき職員を出張させたものであった。その中で最も同地の植物について趣味を持ち、ときどき行ってその所産の植物を採集研究せられしは、当時同大学に助教授を務められた大久保三郎氏（大久保一翁の庶子）であった。同氏は同じく同大学の教授であった矢田部良吉氏（不幸にして相州の海に溺死せらる）の同地において採集せられたる植物の標本を基礎としてこれに自採の品種等を加え、箱根植物としてその目録を編纂し、これを『植物学雑誌』第一巻第一号より第四巻に亘る誌上で発表せられた。これが本邦人の同地植物の目録を発表したはじめてものである。これと前後して当時の博物局でも無論同地の植物を採集したのであるが、目録などは公になっていない。この大久保氏の目録によれば箱根産植物の大部分がうかがわれるが、しかしなお漏れたるものも少なくない。加うるにその学名などは、今日はだいぶ変更せられたものがある。

芦の湖の水草

芦の湖には種々なる水草が生じているが、その中で沈水して生活している顕花植物の種類に六種あることは予が明治十九年八月に同地に植物を採集せしとき知った種類であるが、なおよく精密に詮索したならさらに他の種類が発見さるるであろうと思う。ことに隠花植物中のしゃじくも属（Chara）ならびにふらすこも（ふつうにふらすもと呼べども、これはふらすこもと称すべきである）属（Nitella）の種類はきっと見出さるるであろう。

さて右の六種はくろも、せきしょうも（共にとちかがみ科の品）、いばらも（いばらも科の品）、せんにんも、ひろはのえびもならびにささえびも（ひるむしろ科の品）であって、この中のささえびもはこの時はじめてこの箱根産のもので研究しささえびもの新称を下し、その後これに Potamogeton nipponicum *Makino* の新学名を命じたる一種である。その図説は『植物学雑誌』第一巻第一号ならびに拙著『日本植物志図篇』第一巻第九集に出ている。この種は今日ではこの箱根のほか、野州日光の湯の湖および信州野尻湖に産することが分かっているが、なおその他の湖にも無論これあるであろうと思う。またくろも以下の五種もこの湖の特産でなくその他にも諸処に産する。要するに沈水生顕花植物にはこの湖の特産物は一つもないのである。ゆえにこの湖はこれらの植物に対しては特状の記すべきなくその関係もはなはだ平凡である。

はこねの名を冠する植物

上の学術名に、hakonense あるいは hakonensis の記念種名を有するものを挙げたが、和名ではこのはこねの名を冠するものには、はこねそう（前掲）、はこねうつぎ、はこねぎく、はこねだけ、ならびにはこねこめつつじ等がある。

これらの諸品はみな箱根と縁を有しているもので、中にははこねうつぎのごとくまたははこねそうのごとく必ずしも箱根がこれら植物の中心となっていないものもあるが、その他の品は箱根とははなはだ縁深きものである。たとえばはこねだけのごとき、山中おびただしくこれを生じその産額の豊富なる、ほとんど他にその比を見ぬほどである。尤もこの竹は広くわが邦の諸州に生じ東京付近の地なども無論その産区の一つである。しかし箱根方面ほどに繁殖はしていない。本品は主として壁の骨に使い、また団扇の柄、羅宇、筆管などを製するをもって、人間界に用途はなはだ多きものである。めだけの一変種でめだけよりは稈も葉も小形である。学術上の名称は Arnudinaria Simoni *Riv.* var. Chino *Makino.* である。

また、はこねこめつつじのごとき箱根以外には多くその産地を見ぬので、この地がその産区の中心となっている。ゆえに箱根には多くこれを産し、駒ヶ岳ならびに双子山などにはあえて珍しくないほどたくさんに生えている。この種は小灌木であってしゃくなげ科に属し、つつじ属所属のこめつつじ（Rhododendron Tschonoskii *Maxim.*）に酷似しちょっと見分け難きほどであるが、これとはまったく異にして、別に特立の一属をなしている。その相違の主点は花中にある雄蕋の葯に存し、つつじ属のものはその葯の上端にある小孔より花粉を滲出するけれども、このはこねこめつつじの方はその葯にこのごとき小孔がなくてふつうの植物の葯のごとく長く縦に裂けている。葯の開裂のこのごとき相違は植物を区別するうえについてはなはだ緊切なる識別点であるから、Maximowicz 氏はその著『東アジアしゃくなげ科植物篇』において、このはこねこめつつじを一新属の品種となし、これをつつじ属の外に特立せしめ、もって Tsusiophyllun Tanakae *Maxim.* と新称し、その図説を公にしている。またこの品の図は三好氏ならびに拙者合著の『日本高山植物図譜』第二巻第四十三図版にも出ている。その種名なる Tanakae は田中芳男氏の名誉のためその姓を取りしものである。しかしてこの植物は箱根山の名産と称してよろしい一種である。

またはこねぎくはみやまぎくのことで、これは野州の日光にも生ずるが、ことに箱根の駒ヶ岳などに多いこんきく属なるやましろぎくの一変種である。その頭花は総苞が粘着するからすぐ分かる。またその葉も茎も小形でかつ往々叢生している。学名は Aster trinervius *Roxb.* var. viscidulus *Makino* である。はじめこれを Aster Maackii *Regel.* に当てたことがあったが、後精検の結果その種でないことが分かり、すなわち今の学名に改めたのである。

上に算えて挙げた種名に hakonense あるいは hakonensis の地名を有するものの中に Cyperus

hakonensis *Franch. et Sav.* すなわちひながやつりがあったが、この一変種に Var. vulcanicus *Franch. et Sav.* すなわちこひながやつりと呼ぶものがある。この品は箱根の大地獄の硫黄土のところに生ずるが、もと Savatier 氏が採集したもので、予もまた明治十九年にこれを採集した。このごとき火山質のところに生ずるから vulcanicus（火山）の名称を付したものである。

この大地獄で面白きことはここにみずすぎ、すなわち Lycopodium cernuum *L.* の生ずることである。元来この植物は広く熱帯地に生ずる品であるが、わが邦では南方暖帯地よりなお温帯地まで広がりて生じている。しかし箱根辺の地はもはやあまり北すぎて気候が寒いから、通常の場所には無論これ生ぜぬが、独りこの大地獄に限りて生じている。これはこの大地獄がかのごとく熱蒸気が噴出し熱水が湧出してことのほか熱度が高いからである。このごとく、この地に生ずべからざる本種がここに生じおることは箱根にとりてははなはだ面白き現象である。なおこのごとき例を他に求めなば、本種は信州中房温泉場にも生じ、またさらに遠く北して北海道胆振国の登別温泉場にもこれが生えている。たとえ温度高き温泉場にせよ、元来熱帯産なる本種を北海道に見ることはじつに珍中の珍なるものである。とてもふつうの地では生活のできぬものがこのごとく温泉場の暖かき地点を選んでわずかに余命を保ちつつある状は、また一顧に値すべきものである。

芦の湯付近の地において一種小形の羊歯が発見採集せられたことがある。これを発見採集せられたのは大久保三郎氏であったから、矢田部良吉氏が記念のためその種名に大久保氏の姓を選ばれた新学名、Polypodium Okuboi *Yatabe* ならびにおおくぼしだの新和名をこの羊歯に命じてその図説を公にしたのは『植物学雑誌』第五巻第四十八号で、時は明治二十四年二月であった。当時この羊歯はきわめて稀少の奇品と認められ、しばしば吾人の話題に上ったことがあった。幾年かの後、この羊歯が富士山大宮口の深林樹上に採集せらるるにおよんで、箱根以外の地にもまたこれを生ずることが分かった。そこで予はさらによくこれを精査してみたところが、この羊歯は広く東西両半球の熱帯地に産する Polypodium trichomanoides *Swartz.* と同種であるということが分かった。それから後近年におよんで四国ならびに九州方面から続々これを見出し、これらの暖地に生ずるものは箱根産のものよりその形体の大なるもの多く、畢竟箱根は本種の最北極端の一産地であるということが明らかになってきた。しかるに当時の博物局の斯学者は明治十年、とくこれを紀州牟婁郡の地に見出して「今回発検の一にして珍草と称すべき者なり」と唱え、これにこけしだ一名なんきんこしだ、むかでしだ、ひめこしだ、ようらくしだの新和名を付したのであった。この発見は大久保氏のそれより少しく早かった。

いま一つ羊歯で珍しきものはからくさしだである。これははじめ土佐で発見せられた小羊歯であるが、その後箱根にも産することが分かった。学名は Gymnogramme Makinoi *Maxim.* である。また Bisset 氏が宮の下で採集した一羊歯があって、英国の J. G. Baker 氏がこれに Nephrodium Bissetianum *Baker* の学名を与えた。この羊歯は今その形状を検するに、しのぶかぐまと同じものでないかと思われる。

箱根より富士方面へかけて特産と思わるるものは、みやまにんじんと称する繖形科の一種であって、学名を Angelica Florenti *Franch. et Sav.* と称える。この種は高さ一尺内外の多年生草本で葉は細裂し花は繖形をなし、その全体の状がはなはだよくしらねにんじん、すなわち Cnidium ajanense *Drude.* に似ている。それゆえ従来この両種が混淆しておった。そして箱根にはこのしらねにんじんはなくて、ただみやまにんじんのみがあるばかりであるから、従来しらねにんじんと呼びたる箱根産品はみなこのみやまにんじんに改めねばならぬ。このみやまにんじんの果実には翼があるから、それさえ見ればすぐこれをしらねにんじんと分かつことができる。なおくわしく言えば、みやまにんじんの果実は前後に圧扁せられているが、しらねにんじんの方はその形がやや長くして少しく左右に圧扁せられている。

このみやまにんじんに次いで山中にて注意すべきものはたてやまぎくである。この品も箱根が中心になっているだけありて山中に多く生える。こんきく属の一種で花色白く、その葉はおおばよめなの態があるがおおばよめなの花には冠毛がないからすぐ分かるのみならず、箱根山にはこのおおばよめなは産せぬのである。たてやまぎくの葉は株によりて分裂せるものとしからざるものとありて、両形を具えている。しかし一株上に両形の葉が出るのではない。その学名 Aster dimorphophyllus *Franch. et Sav.* の種名はその葉に基づいて両形葉の意味ある言葉を用いたものである。

山中にかなうつぎと称する落葉灌木があって学名を Stephanandra Tanakae *Franch. et Sav.* と称える。葉は浅く三裂して托葉があり、花は白色細小で細長なる枝端に短き穂をなして開くのである。この品は富士方面にも広がりまた遠く上州ならびに紀州にも産するが、しかし箱根方面がその産地の中心である。この種名 Tanakae もまた田中芳男氏の姓を取ったものであって、箱根植物と田中芳男氏とはよく関係を有している。これは同氏がかつてこの地方で採集したる標品を、一面には当時横須賀在留の洋医 Savatier 氏に贈り、氏よりは右の学名の命名者なる仏国の Franchet 氏にこれを転送せしより、命名者はこれを田中氏名誉のためその姓を種名に用い、また田中氏の標品は一面には露国の Maximowicz 氏の手に渡り同氏もまた田中氏の名誉のために、前のはこねこめつつじにおけるがごとく、その姓を種名に用いたためである。

雁皮紙と箱根と関係があることは、雁皮紙を造る原料植物が箱根に産するからである。しかし製紙は伊豆方面の原料でなされ箱根にはただその原料の植物があるばかりである。元来雁皮紙を造る原料植物に二種ありて、共にじんちょうげ科に属する。すなわち一つはがんぴ、すなわち Wikstroemia sikokiana *Franch. et Sav.* であって、これは箱根辺にはなく四国に産するのである。一つはさくらがんぴ、一名ひめがんぴと称するもので、学名を Wikstroemia pauciflora *Franch. et Sav.* と呼ぶ。これがすなわち箱根に産する品種で、南は伊豆の熱海辺にも生ずるのである。

小灌木でその葉に細毛あり、冬月は落葉し花は丁子咲にて四裂し黄色である。樹皮の繊維がはなはだ精緻で強靭であるから従うて良好の紙が製せらるるのである。

禾本科の一種によしくさと呼ぶものがあって、これも箱根がその産地の中心である。多年生草本でその葉がみな裏面を天に向け、表面を地面に向けているのであるから、うらはぐさ（すなわち裏葉草の意）はこの草に対してはなはだ良き名称である。このごとくその葉が上下転倒され、真正の裏面は上となりて天に向かい常に日光を浴びるために葉緑の豊富を致し、真正の表面の方は地面に向かってこれに背くためにその色がかえって薄くなっている。これと同様なる例は同じくこの箱根に産するひめのがりやす、すなわち Calamagrostis hakonensis *Franch. et Sav.* の葉にも認めらるる。この Calamagrostis 属すなわちのがりやす属の諸種の葉はたいてい右と同じき状態を有しており、また四国・中国辺に産するたききびすなわち Phaenosperma globosum *Maxim.* の葉もまたいちじるしき例の一つである。

なお箱根にあって注意すべきものにおやましもつけがある。これはしもつけの一変種でその葉が母種のしもつけよりは小形である。学名を Spiraea japonica *L. fil.* var. alpina *Maxim.* と称える。この他さくらそう科のこいわざくら（Primula Reinii *Franch. et Sav.*）、あやめ科のひめしゃが（Iris gracilipes *A. Gray.*）、らん科のおのえらん（Orchis Chondradania *Makino*）、いわうめ科のひめいわかがみ（Schizocodon soldanelloides *Sieb et Zucc.* var. ilicifolius *Makino*）等もこの箱根とは縁の深き植物である。また箱根権現神社の林中に、のしゅんぎく一名みやまよめなと称するものがあって、天然に生じている。この品が人家に培養されて花を賞せらるるのしゅんぎくであるが、箱根にはこのごとくその天然生がある。東京では通常あずまぎくと呼んでいるが、これは植物学界の人の称するあずまぎくではない。本邦の特産であって、Aster Savatieri *Makino* の学名を有している。また五葉あけびと称するものがあって箱根宿の西端辺で見たことがある。この品はこの地の特有ではないが、これはあけびとみつばあけびとの間に天然にできた一間種であるから面白い。葉は小葉が四、五片あるが、その大小がはなはだ懸隔しており、かつ葉縁に往々波状の粗歯がある。花穂の大小、花の大小色彩などもあたかもあけびとみつばあけびとの中間になっておって、これを見ればなるほど上の両種の中間に位する品種であるということが首肯さるる。このごとく天然にできた間種を見得ることは容易でないが、この品は上に話せしごとく、その母種の形貌を兼ねそなえているから、この方面の事実を調査する人々にとってはまことに好材料の一つである。

また山中に、いわなんてんと称する小灌木が処々に見らるる。これはしゃくなげ科の一種であって、これも同じくこの山中に多き一灌木、はなひりのきと同属である。いわなんてんは常緑であって、その葉は三冬の候にも落ちない。通常岩の上に生じてその枝が上より垂れ、これに葉の付きたる状がなんてんの葉に髣髴しているより、いわなんてんと呼ぶのである。盆栽としてすこぶる雅致があるから、往々これを好事家のもとに見ることがある。またはなひりのきは冬月落葉し、花は小形にして見るに足らぬが、この葉を粉となし鼻に入るれば嚔（くしゃみ）をするゆえにはなひりのきと呼ばれている。はなひりとはくしゃみの古語である。この二品あえて箱根特有というべきではないが、この山中には多く生じておって、ことに植物の採集家を悦ばすのである。

箱根山中にて最も豊富に繁茂しているものはすすきであって、その山の円みを帯びたる隆処、その撓（たわ）み込みたる凹所、いたるところこれを見ざるはないほどである。なお終りにこの地でつたと称する挽物（ひきもの）について略記せんに、これはぶなのき、そろのき、かえで、えのきまたはとちのき等の材を朽ちさせて、これに紋理を生ぜしめたもので、これを挽きて箱、盆、皿、玩具等を製するのである。これは伊豆の熱海でも同じく細工に使っている。

山草の分布

わが国分布の大観

日本における高山植物の分布はここの高山には何々、あそこの高山には何々といったように山山によって非常な特色を持っているほどのことはない。まず分布といっても一様の植物が多く、これを大別して南部と北部になるくらいのものである。西南地方すなわち四国や九州は土地が低いから山にもあまり高いものがない。高山の絶頂というのが灌木帯喬木帯で、植物の矮小になったものがある。おしなべて西南地方には岩壁に高山植物と同じような生活をした植物があるが、北部の高山植物のように草本帯に生えていないのである。中国筋は一般に低い山が多く、わずかに伯耆の大山が高山植物帯となっていて、つがざくら、こめばつがざくらなどがある。この山が日本における高山植物系の最西、最南の終点と言ってもよい。これから北方になるにしたがって山も高く地球上の緯度も北に寄り、高山が灌木帯の上にある草本帯を有するようになっている。

いわゆる高山植物の中には日本特有のものもあるけれども、概して日本の下界には欧洲、アジア、北アメリカの北部にある植物が多いが、高山にはその北半球の北部の植物が下界に比してさらに多い。すなわち、日本の上層に生活している植物は欧洲の北部にある植物と関連している。例えば、いわうめ、むかごゆきのした、虫取すみれなどはほとんど北半球の北部にある共通の植物と言ってよい。前にも言ったように、日本における高山植物の分布はここの高山あそこの高山といって植物系によって区別するほどの差はないが、南部の高山にあるものが北海道に行くと海岸に生じている。彼のはいまつとかがんこうらんとかいう植物はそれである。また比較的近年まで噴火した高山には高山植物の種類が少ない。富士山のごときは高いことにおいても位置においても、高山植物の種類に富んでいそうなものだがさようでない。どこの高山にもあるがんこうらん、はいまつがないのをもっても知れるしだいで、これは如上の理由に基づくのである。

高山植物の種類のうち、日本特有のものだがふつうは珍しくないのが、こまくさ、しらねあおい等である。また日本特有であってしかも珍稀な高山植物では、こうしんそう、たかねすみれ、なんぶとらのお、なんぶなずな、めあかんきんばい、おやまえんどうなどである。

七、八月咲く種類

七、八月に開花する高山植物はすこぶる多いが左にその三、四を列挙してみよう。

ひめいわかがみ……中部の喬木帯に生じ花候は六、七月、常緑の多年生草本にして紅花白花の二種あり。

いわうちわ……中部の喬木帯に産し六、七月のころ花開く、常緑の多年生の草本なり。

いわかがみ……いわうめ科に属し中部北部の高山喬木帯、灌木帯ならびに草本帯等に産す。花候は六、七月、近畿地方にては丘阜に生ず。常緑の多年生草本なり。

やちらん……らん科に属し中部高山上の湿原に産す。花候七月、多年生草本、日本にてはきわめて稀有にして日光、八甲田山等においてときとして得らる。

えぞこざくら……さくらそう科、北部草本帯（利尻、千島）、花は八月、多年生草本。

ひめしゃじん……ききょう科、中部高山の草本帯（日光）、花八月、多年生草本、この種は白花は稀有にして珍重せらる。

ちしまひなげし……北部高山の草本帯（利尻、千島）花は七、八月、多年生草本にして稀有なり。

やなぎ草……中部北部の山中原野に産し往々平地にも発見せらる。花は八月、多年生草本にして高さ五尺に達す。

ひなざくら……さくらそう科に属し鳥海山、栗駒山等に産す。花は七、八月、多年生草本。

みやままんねんぐさ……べんけいそう科、中部の喬木帯（信州戸隠山、八ヶ岳等）、花は六、七月、岩上に生じ多年生草本なり。

きんれいか……おみなえし科、一名白山おみなえし、中部北部の喬木帯、花は七、八月、多年生草本。

たてやまきんばい……いばら科、立山、白馬岳に産す。花は八月、多年生草本にして花は細小。

みやまこごめぐさ……ごまのはぐさ科、中部北部の山地に産し花は七、八月、一年生草本。

はくさんちどり……らん科、中部北部の草本帯、花七月、多年生草本。

はくせんなずな……十字科、中部の灌木帯、草本帯（駒ヶ岳、日光）、花七月、下部の葉に長柄あり、花は総状をなし白色なり。花弁小にして雄蕊超出し種子に翅あり。

たけしまらん……ゆり科、中部北部の喬木帯、花は七、八月、多年生草本、漿果赤し。

めあかんふすま……なでしこ科、中部北部の草本帯（釧路雌阿寒岳、羽後鳥海山）、花八月、多年生草本。

つくしぜり……繖形科、南部の草本帯（九州）、花八月、多年生草本。

おやまのえんどう……中部の草本帯（信州駒ヶ岳、白馬岳、八ヶ岳）、花八月、多年生草本。

いわしょうぶ……ゆり科、中部草本帯（山中の温泉）、花八月、多年生草本、花梗の上部粘着。

いわぎきょう……中部北部の草本帯、花八月、多年生草本。

みやまきんばい……中部北部の草本帯に産し、いばら科に属す。花は七月、多年生の草本なり。

みやまりんどう……中部北部の草本帯、花八月、多年生草本にして叢生す。

りしりおうぎ……利尻山、白馬岳に産し花は八月、多年生草本。

みやまあけぼのそう……りんどう科、信州駒ヶ岳、白馬岳、陸中早池等に産す。花八月、多年生草本。

こみやまりんどう……越中立山、越後清水峠、岩代尾瀬平に産す。

おおさくらそう……中部北部草本帯（御嶽、白馬、北海道）、花八月、多年生草本なり。

山草の採集

白馬岳のお花畑

私もだいぶ方々の高山に登ったが、日光は女峯や男体山はどうかというと、外輪的で比較的高山植物も少ないが白根山は多い。八ヶ岳は登るに都合の良い高山で八ヶ岳むぐら、八ヶ岳しのぶなどは日本ではこの山のみに限る高山植物である。ひげはりすげ等も観賞には適せぬが植物学上珍しいものでこれもこの山に限られている。高山植物についての知識を得ようと思えば信州の白馬岳に登るがよい。東京から行くとすれば上野駅から長野行の汽車に乗って篠井駅に出で、ここから松本行の汽車に乗り替え明科駅に下りる。途中に名所もあるがとにかく、この駅で下車してから北へ六里馬車で行くと大町に着く。ここから越後の糸魚川に通ずる道路を、馬車で行くこと六里にして北城の宿に着く。この北城村は白馬岳の麓で案内者を雇うて行けばすぐ登れる。山の中腹を白馬尻といって雪が多い。その雪の消えている処から絶頂までは雪がなくていわゆるお花畠になっている。雪の消えている近所には芽が出ているが、それがだんだんと進むにしたがって花を開き実を結ぶという有様である。その百花繚乱のお花畠をねぶか平と言っているが、崇高清美の感慨はとうてい筆にも舌にも言い尽せない。また絶頂に登って瞰下すると、山の渓谷にはみな雪があって越中、越後は一望の下で富山市も見える。夜などは蛍の光に似たうすぼんやりした光が見えるのは富山市の電灯だが、かような高嶺に登ってこれを眺めると、物質以外のまったく俗を洗った雅景に見える。なお立山の雪白の衣裳を纏うた姿が見えるので真夏の感じは起こらぬ。帰りは雪の上を滑って下りるが、これがまた愉快なもので東京の人はこれのみでも出かける価値はある。

登山の準備と注意

登山の心得として私の経験は軽装に限る。頸に雫が入るから鳥打帽はまずい。莚蓑は絶頂に登っても途中で休むにも腰掛に敷かれるから好都合、雨にも結構、丈夫な洋傘もよい。弁当は缶詰物よりも握飯に梅干がよく、味噌汁は山ではしごくよい。

その他二、三の事

日本の高山植物界にとりて忘るることのできないのは、城数馬、木下友三郎の両氏、松平康民、加藤泰秋、久留島簡、青木信行等の各子爵、小川正直氏、長野県松本の女子師範学校長矢沢米三郎氏、志村烏嶺氏、前田曙山氏、今は故人となった五百城文哉氏等の諸氏がさかんに高山植物の採集をなし、また培養に従事せられたことである。

諸氏は娯楽としてまったく閑却されていた高山植物の採集に努力したために学者側にあっては大いに研究の歩を進めることができた。その時代虫取すみれなどは珍しかったくらいであるが、その後採集の材料はようやく豊富になって、私どもはこれにいちいち名称を付けたり種類を定めたり、ずいぶん研究すべき仕事が多くなったわけで、ついには自分も高山に登るようになった。

かくて一時は非常の盛況を呈するにいたったが、またこうなると一利一害で、植物屋連の乱採が始まり植物保護の取締り規制ができ、今日でも八ヶ岳や白馬に行くには山林区署の許可を得なければならぬという面倒をみるようになり、自然、高山植物採集熱も一時下火らしかったが、また、このごろ少しく頭を抬げてきたようである。

高山植物の知識を広めるためには、東京のような都会には公園の中に「高山植物園」を造るがよかろうと思う。外国のように上方に高く岩を組むようにせず、地下に掘って岩石を置けば空気の乾燥も少なく、場所も取らず、しごく結構だろうと思う。かつこれは高山植物を専門に研究している人に依頼すれば面白かろうと思う。

富士登山と植物

富士山は有史以前までは永く噴火し、またときどき大爆発したこともあった。この山は気長く噴火を続けてそろそろと動作していたものに違いない。しかして人間の憤怒を発するようにときどきすごい爆発をしたものである。そのときに流れた熔岩が富士のある方面で固まり固まりした跡が今日充分に見られる。このように永い永い間気長くゆるゆる噴火して、噴出物を投げ出し投げ出ししたものであるから、それがだんだん積もり積もりして、ついに今日に見るような八面玲瓏な高き山となったのである。

日本の歴史ができた時分にはもう噴火が非常に弱っておった。それでも絶対に止まったのではなかったが、その後年を経るに従うてついに終熄してしまった。歴史の説くところによってみると、孝霊天皇のときに富士山が一夜にして湧出したとあるが、そんなことはないと思う。たぶんそのときは非常にすごい噴火でもあって、東海の天が大いに荒れて、富士の旧観を改めたようなことがあったかも知れない。まだ開けぬ時代のことであるから驚愕のあまり、富士が一夜の間に出たと言ったかも知れない。隣の箱根のごときは富士山よりはずっと以前にその噴火が終熄したものであるが、富士山はそれよりずっとおくれて終熄したものである。それゆえ富士山は比較的新しい山であって、新しい山だけに植物の種類も少ないわけである。じつに富士は世界に名高い山である。その形の秀麗なることはまったく三国一ばかりでなく、じつに世界一である。けれども前に言うとおり、続いて永く噴火し、ときどき熔岩を流し、また熱石を噴出してたえず山面を新しくしたものであるから、他の高山に比べて植物の少ない方である。また高山としてなければならぬ植物が、富士に欠けているものがある。はいまつがない。がんこうらんがない。他の諸高山にはかの雷鳥が棲んでいる。はいまつがたくさんある。がんこうらんは灌木性の常緑植物であるが、これが諸所の高山にはよく生じているけれども富士にはない。これらをもってみても、富士の比較的新しい山であるということが分かる。

ところが富士は四面玲瓏八朶芙蓉などと形容するだけあって山型がきわめて単純であるから、植物帯の分布が非常に規則正しくなっている。すなわち植物帯がじつに順序正しく山の周囲を廻って生えている。それゆえ植物帯を見るには富士山が最もよろしい。他の山はこの点においてはとうてい富士におよばない。今その植物帯のことをちょっと話すと、まずふつう山の麓を山麓帯と称え、そこには主にふつうの草が生えている。少しく登ると森林帯となる。そこには樅の類がたいへん繁殖しておって大きな森林を形づくる。その上が灌木帯となる。富士の灌木帯はみやまはんのき、だけかんばなどが生えている。さらに登ると草本帯というのになる。そこには高山植物が繁茂している。さらに登るとふつうの植物はなくなる。ただ地衣・蘚苔の類があるだけである。ふつうの草木は前述の草本帯で尽きているが、地衣・蘚苔類はこのごとく山頂にいたるも生じている。地衣も蘚苔も植物のうちであるから、ふつうの草木は富士の絶頂にないとは言えるがしかし植物が富士の絶頂にないとは決して言えない。富士山はかように植物帯の分布が規則正しいのであるから、そういうことを研究しようという人はまず富士に登るがよいのである。

植物帯の分布のうえからいうと、富士はじつに規則正しいのであるが、植物繁殖のうえからいうと、他の高山と同様南側よりは北側の方が繁殖がよいのである。富士は北側は陰の方に向かっておって南側より植物がわりあいに豊富になっている。これがまず富士の植物の大観である。

それから植物の種類の分布からいうと、富士の植物は他の諸高山に比してさほど特別な種類があるというわけではない。やはり他にある植物は富士にもあり、富士にある植物は他にもあるわけである。しかし九州の端とか北海道の果てとか極端にある諸山に比ぶれば無論異なった種類も少なくないがまず近傍の山、信州の山、野州の山などに比ぶれば、そういちじるしく異なった種類は少ないのである。しかしまた富士に特有のものが絶対にないというわけではない。また中には富士に接近した箱根山と両方に共通にあるが、富士から遠く離れた山にはないものがある。総体富士山は比較的近年まで永く続いて噴火した結果、山が新しくて山の大きくかつ高きわりあいには植物の種類が少ないのであるが、しかし少ないといってもこれは他の諸高山に比して言ったもので、高山としては相応に種々の種類が生じているのである。

今度は富士において注意すべき植物のことも話そう。まず第一に、日本ではどこにもない植物が富士に一つある。それはむらさきもめんづるで、これは黄耆(おうぎ)の種類である。黄耆は支那の薬草であるがその黄耆に似ているので、むらさきもめんづるを一名富士黄耆と称える。これは砂の中に生えて根は往々たいへん大きくなっている。豆の類で葉は羽状をなしている。花が紫色でこれが鮮緑色の葉の間へ咲いているのはたいそう綺麗である。これを園芸植物としたら非常によいと思う。しかしこれは日本特有のものではなく、シベリア地方にはこの植物があるが日本の領地には富士よりほかにはないのである。

次に富士で注意すべき植物は、ふじあざみである。この品は日本にある薊のうちの一番大きいもので、ほとんど世界の中でも大きい種類の一つであろう。花の直径が二寸もある。葉も強大で刺があってこれが四方に拡がっている様はすこぶる勇壮に見える。その根は牛蒡と称し、掘り取って食用に供している。このあざみは富士ばかりではなく日光にもあり、信州にもある。とにかくふつうの種類ではなく珍しいもので、またその巨大なる点は富士山とふさわしいのである。

富士はただおは馬返し辺から六合目の間の砂地に生えている。これはただお属の一種である。格別綺麗な花が咲くわけではないが、富士山よりほかにはあまり見当たらないものである。盆栽にしたらよいと思う。

おんたでというものがある。たでの一種で上は四、五合目辺まで生じている強き草である。このものは学問上から見るとたいへん面白いことは、この植物は非常に根の長いものである。なぜに根が長いのかというに、山の上には養分が少ないから根を長く引っ張って養分をよけいに取ってこなければならぬ必要がある。また高山は風が強いから根が張っていなければ吹きとばされる憂いがある。それゆえ根が張って深くなっている。また高い山になると冬は雪が降るからずいぶん寒い。生命を保つには養分をよけいに蓄えなければならぬ。そういうわけで長い根になると一丈以上もあるのである。下に向かって深く突込んでいる。こういうことをよくよく注意しつつ山に登り、ただ表面をのみ観察せず植物の根を掘ってまで検査し、細かく観察するとなかなか有益にして面白いものである。

こけももも富士の上でよく見る。これはごく小さい灌木で、冬も葉があってそれに赤い実ができる。それを里人が取って塩漬けにして食し、また「ジャム」や羊羹などに製して売っている。このこけももはまた一つにはまなしとも称するが、海浜でなく山の上であるのにはま（浜）という名を冠するのは変なものだとだんだん考えてみると、富士のごとき高山の上には砂利がたくさんあってあたかも海浜のような観をなしているので、加賀の白山などには頂上に御浜と称する所があるくらいで、やはり富士の砂利のある所へ生えていて実がじくじくして柔らかいからはまなしと言うのであろう。この植物は日本に限ったものではなく、世界中いたる所の高山にある。たいへん広く世界に行きわたっている植物である。

しろばなへびいちご、これは白い花の咲くいちごで、西洋のオランダイチゴの属で日本特有のものである。園芸家などでこれを改良したら甘い果実が得られるので、そのうえこの果実には一種の香気があって形は大きくはないが、色といい味といいはなはだ棄て難く思うのである。また庭などへ植えると最も体裁がよい。また花は梅咲きですこぶる可愛らしい。世の人が山へ登るには、なるべくそういう学術的眼孔をもって観察しなければならぬ。

ふじまつ、これは落葉松（からまつ）でだれも知っているものであるが、これも学術的眼孔をもって観察すると非常に面白いのである。それは山の水がぬけて崖が崩れて赤裸になった付近へは必ずまずこの松が生える。それゆえ富士などでも下の方でこの松の生えているのを見ると昔この辺が崩れて森林が裸になったということを証拠立てることができる。ゆえにこの松林を見て、単に松林があるなと思うだけでは面白くない。ははあ、ここはもと山崩れのあった所だな、山火事があって山が裸になった所だなと考証するようにしなくてはならぬ。すなわちときに森林の中に落葉松があれば、もと裸であった所だと考えるようにしなければならぬ。

次にたかねばら、これは薔薇の一種でたいへん綺麗な花が咲くので、他にあまりないが富士にはたくさんある。これは園芸植物として非常によいもので、まだ世人はこれを採って園芸植物としていないが、これらを採ってきて園芸植物としたらならばすこぶる面白いのである。

次にふじざくら、これは一つにまめざくらと称する。だいぶ東京あたりへも持ってきている。わりあいに綺麗な花が咲く。五月ごろ富士へ登ればこの花の盛りでなかなか立派である。このふじざくらの一変種に萼の色がまったく緑色なものがある。これは御殿場の実業学校長の山出半次郎氏が発見されてまったく珍しいものだから「緑桜（みどりざくら）」一名「緑萼桜（りょくがくざくら）」と私が名づけて世間へ発表しておいた。学名は山出氏の名を取ってプルヌス・インシサ・ヤマデイと名づけた。（これは私の経営している『植物研究雑誌』で発表した）。

ふじいばら、これも私の名づけたもので白い花が咲く。樹は直径一寸くらいになる。これは箱根にもたくさんあるが、富士には最もたくさんあるのでふじいばらと名づけたのである。

ふじおとぎりは富士に特有な品であって、可憐な黄花が咲く。これはふつうのおとぎり草の一種であって叢生している。ふつうのおとぎり草はどこにもあるが、このおとぎり草という名の出所が振るっている。昔ある鷹匠がこの草が鷹の薬になるというので秘密にしていたところがその弟がこの秘密を他へ洩らしたので、兄が怒って弟を斬った。そこでおとぎり草というのであるとのことだ。

また富士に産するものでおにくというものがある。富士で売っている。薬用になる。これを一つにきむらたけと呼ばるる。この品は富士ばかりでなく野州日光の金精峠にもたくさんあって、そこには男の生殖器を祭った金精大明神という神様がある。それゆえこの峠を金精峠と呼ばるる。

このおにくがこの山にも生ずるから、きんまらたけという意味でこれをきむらたけと言ったものだ。この植物はみやまはんのきの林の中にたくさん生えておってその根に寄生している。長さが一尺内外もある。昔の本草家はこれを肉蓯蓉（にくしょうよう）（支那の植物）と同様に思っていたところが、今日ではそれとはまったく違うものであるということが分かった。このおにくはどういうものか猫がたいそう好く。猫はまたたびを好くことはだれも知っているがこのおにくを好くことはあまり人が知らない。人間にも薬用になると称せられているが何かに効くかも知れない。おにくは日本の特産ではなくてまたシベリア方面でも産する。

高山植物

高山植物と言ってもずいぶん種類が多いからそれを全部網羅するということはとうていできないことであり、またその中の数種を挙げたくらいのことでは大きな海の中の島を幾つか示すようなものであるから、今はその中でも最も奇抜なものを幾つか挙げてみよう。

こまくさ

これは高山のごく頂上の「ざれ」地すなわち砂礫地に生育していて雑草の中などには見られない。こまくさの葉は細かに裂けていて色が奇抜なので、高山の砂礫地に行くとすぐに気が付く。葉は白い粉のついた緑色をしていて、花茎は痩せたの一本、多いのは数本もあって葉より高く伸び、けまんそうのような花が咲く。鯛のようでその先が二つに分れ、それがひっくり返って錨のような格好をしていて、色が非常に美しい。けれどもこれを平地に持って来ると育てることがきわめて困難である。木曽の御嶽山ではこの草がたいそう珍重されていて、御嶽山に参詣すると神官から御賽銭のたかによってこまくさの乾したのを一つ二つ宛てくれるが、これが尊い神様からお下げになったものとして秘蔵される。そのため今日では御嶽山にはもう種切れとなり、付近の山々から取ってくるのである。これは一名をおこまぐさともいう。

高嶺すみれ

高嶺すみれはこまくさと同じように砂礫地に生育している。すみれとは言うけれども種類も異なり、ふつうのすみれは紫であるが、これは色が黄色で、きばなのこまのつめに似てそれよりも葉が厚くできているからすぐ区別することができる。ヨーロッパ諸国にはなく日本特有のものである。最も多く産するのは陸中の岩手山の頂上の砂礫地である。

長之助草の由来

長之助草というのは八ヶ岳に多く立山（越中）にも産する。これは地平に拡がり葉の裏が白く鋸歯があり楢の木の葉を少し小さくしたようなもので葉の表面には皺があり、七月頃になると拡がり、中から茎が出て花弁が八つ中から咲く。それが満開の時にはたいへん綺麗である。この草はヨーロッパに多い。日本では陸中の須川長之助という人が明治の初年にマキシモウィッチというロシア人に雇われて採集した時立山で取ったのであるが、それを私どもが研究して長之助草と付けてやった。これらも高山植物として珍しいものである。

うるっぷ草

これは千島のうるっぷ島に多く産するところからこの名がある。内地でも諸処の高山にある。葉はおおばこに似ていて茎が数本出て、色は紫で見たところ特異であるからすぐ分かる。内地では八ヶ岳にたくさんあり、登山した人々の見逃してはならぬものである。

虫取すみれ

すみれという名が付いているけれども種類はすみれとは全然別である。ただ花がすみれと似ているのでこの名があり、葉は地平に這って何枚もできている。中央から茎が伸びて花が咲く。葉の表面には細かな毛が生えていて先に玉が付いて腺毛から汁を分泌するのであるから、葉の上にとまった小さな虫（蠅のような大きな虫は駄目である）が粘液のために動けなくなってついに死に、それが消化して植物の栄養になるのである。ではこの種のものには根がないかというに、根も立派にあって根から養分を吸収することは彼のもうせんごけと同様である。この種のものにはこうしんそうというのがある。これは庚申山、および日光等に産し、先年帝大の三好学博士が庚申山で発見したので庚申草というのであるが、これらも小さな虫を取る。

羽衣草

これは信州の白馬山に産する。羽衣草といっても名ほど美しくはないが小さな花が咲き、葉は葵に似て七、八寸の高さになり、白馬山が唯一の産地で今日はその数が乏しくなっている。初めて白馬山に発見された時羽衣草という名を付けた。

深山おだまき

深山（みやま）おだまきは誰もが知っているおだまきの種類で、おだまきと同じような紫色の花が咲き非常に美しい。日本にはおだまきの種類が三つある。山おだまき、深山おだまき、おだまきで、深山おだまきは八ヶ岳に行くとたくさんある。

今の人々が高山植物と言っているのは厳格な意味の高山植物でなく、すこしでも高い山に生えているものをばすぐ高山植物と言う。しかしほんとうの高山植物というのはそういうものではない。たとえばここに高山があるとする。そうするとその一番下を山麓帯といい、その上の部分を雑木帯といい、それを上って行くと森林帯、それを上ると灌木帯に出る。その次の場所を草本帯というのである。

高山植物というのはその草本地域に生育しているものをいうので、いわゆるお花畑というのはそれを指すのである。もし許せば灌木帯のものをも高山植物と称してさしつかえないが、森林帯のものは高山植物とはいえない。

灌木帯は同じ日本でも北の方へ行くにしたがって漸次山の下の方に下がりついには平地に下がってしまうものである。がんこうらんという高山植物は北海道の根室とか千島方面に行くと海岸に生えている。それは北に行くと漸次下に下がってくる。

高山植物は英語で「アルパイン・プランツ」という。これはアルプス山が高いからこの名が生まれたのだ。しかし日本などのものもやはり、「亜アルパイン・プランツ」というべきである。

高山植物はすべて長い根を持っているのがふつうである。また茎は低く高山は風が強いから根を深く張っておく必要があり、砂礫地では短い根で充分な養分が取れないから、自然長い根をもって深い底の養分を取らねばならない結果である。また冬の間はさらに養分が取れないので根の中にそれを貯蔵しておかねばならない。そのためにも根は長くなければならぬ。

また高山は陽の当たるときには非常に暑く、夜間はいちじるしく温度が下がる。そこで葉や茎は平地の植物といちじるしく異なっている。葉は厚くて硬い。それは旱天続きの場合、葉の中に貯えた水分のかれぬ工夫、また水分の蒸発しないようにそうなったので、石南科の植物やがんこう蘭の葉を見るとすぐわかる。また禾本科類は水を貯える装置ができていて陽が上ると葉面の水分の蒸発を防ぐために葉を巻き込む。高山に登る人たちは単に植物の種類を集めるのみならず、このような自然の巧みな装置を研究したならたいへん面白いと思う。

夏の植物

夏草の時節となった。野も山も見渡す限り緑の被布に覆われた。植物に趣味を持つ人々にとってはじつに無上の楽園が眼の前に開展されたのである。わが国は植物の種類に富んだ国である。英国でも仏国でもドイツでもこの点はとてもわが国にはおよばぬ。たとえばすげの一属でも、わが国のものはじつに三百種以上を算える。またすみれの種類でもわが国には六、七十種くらいもある。そんな国はほかにはどこにもない。すげでもすみれでもわが国はじつに世界の一等国である。その他世界にない珍しき草木がわが国に産する。すなわちわが日本の特産として他国に誇るに足る品種は、決して少なくないのである。なぜに世人は、いま少しく深く植物に趣味を持たないのであろうか。このように豊富なる草木の間に住んでいる人間が、その周辺を取り巻く植物に趣味を持つならば、その一生を通じてどのくらい幸福であるかじつにはかり知られぬほどである。植物に興味を持つようになるのはその植物を知らねばならぬ。多少にても草木について知識ができれば、したがって趣味は生ずるものである。世人はわが本業のかたわら、娯楽として草木に趣味を持つようにしたらどんなものだろう。もし世人がしかせんものと思わばこの趣味深き草も木もいたる処に吾人を待っている。植物に趣味を持つようになれば植物を愛するようになる。植物は意味の深き天然物である。この微塵の罪悪も含まぬ天然物を楽しむことから、どれほど吾人の心情を清くかつ貴くするかほとんど量られぬ。醜悪なる娯楽よりこの清浄なる娯楽に転ずることは、人間として最もたいせつなることである。我輩はこのごとく天然物を娯楽の目的物として大いに高潔なる心情を養われんことを世人に勧めたいのである。草木を愛するようになればこれによりて確かに人間の慈愛心を養うことができると信ずる。植物は生物である。生長するものである。これを好くようになればそれが可愛くなる、可愛く思うのはすなわち慈愛心の発動である。一たび発動すればこれを助長することができる。すなわちついには大慈悲の心を養うことができると思う。人間同士に慈悲慈愛の心ができれば世の中は無事太平である。国平らかに天下治まるのである。大にしては戦争小にしては喧嘩、それは人間同士に慈愛心すなわち、思いやりがないから起こる。思いやりの心を養うに、植物をその道具の一つに使うは最も当を得たものであると信ずる。今日のように人心の危険におもむきつつある時世に、この人間同士の思いやりの心が欲しい。それは確かに危険におもむく人心を繋ぎとめるに助けの一つになると思う。草木に趣味を持つと持たぬという問題は、ただちょっとした問題ではない。されば世をなげき国を憂うる為政者も考えてよい問題の一つである。また教育者は学校で博物の教授を今日のようになおざりに付してはならぬ。教育者はもっと徹底して考えを博物の学科について持っていなければならぬと思う。やりようによっては、博物の科は倫理の科に次ぐたいせつなものとすることができる。植物を楽しむほど他の娯楽にくらべて金の要らぬものはない。ゆえにはなはだ入りやすい。植物に趣味を感ずるようになれば、路傍の雑草でも庭先の雑草でも楽しくなる。それゆえどんな人でも無代でこの楽しみはできる。また植物に趣味があればしたがって山にも行き野にも行くようになる。したがって運動が足り心が楽しみつつ知らずしらず運動する。新鮮な空気を吸う。心は高尚になり、邪念はもださぬようになる。いわゆる無邪の極致を得ることになる。心に邪念なくば身体は健康となる。これほど結構なことはない。東京に東京植物同好会という会があって、毎月一回日曜日に東京付近の野外に出て実地に植物を教うることになっている。この会へ来れば植物の名が覚えられ、また植物についての種々の話が聴ける。植物に趣味を持たんとする方はこの会へお出でになればよいと思う。東京市伊吹高峻氏がその会の幹事である。次に吾人の手近にある草木についていていささか話してみよう。

へびいちご

よく人の知っている草である。ちょうど今頃その蔓から出た梗の上に実がなって赤く熟している。世人はこの実が毒だと思っているが決して毒ではない。それはこの草の名が蛇いちごであるからなおそう思っているらしい。この実は甘みがなく、食っても味がないからだれも食わないばかりである。あの赤き円き部は本当の実ではない。あれは学問上花托と称える花梗の絶頂である。

本当の実はその表面に付いている小さき粒がそれである。だれでもおらんだいちごを知っているだろうが、その食うべき部分はやはりへびいちごと同じく花托であって、本当の実ではない。本当の実はこれも同じくその表面に散らばっている小さな粒である。いったい果実の食える部分は種々であって、蜜柑は果実の中の毛を食っており、バナナは果実の中の内皮を食っており、栗などは種子を食っているが、桃などは果皮を食い、梨、りんごなどは花托を食っている。このようにその食う部分が何であるかということを研究してみるのもすこぶる興あるもので、蜜柑の毛を食うなどは中でも奇抜なものである。もし蜜柑の実の中にこの毛がなかったならば、蜜柑は食えぬ。つまらぬものである。

かたばみ

どこでも生えている草でその味がすっぱい。それゆえ小児がよく知っている。その葉は三枚ずつ葉柄の頂に付いている。これがかたばみの紋になっている。この葉は昼間は開いているが夜は閉じている。草木の葉には夜は閉じているものが多い。その中でも豆の類は著しい例である。かのねむきの葉の閉ずることはだれでも知っている。ねむのきとは眠りの木の意である。このかたばみは黄色の花を開き、角のような実ができる。だれもこんなものには気付かぬが、この実から種子の飛び出ることはすこぶる面白き現象である。この実の中にはたくさんの小さき種子が入っているが、実が熟するとこの種子がばらばらと四方へ飛んで出る。どうして種子が飛び出るか、それが面白いぐあいになっている。この種子が実の中にある時、それに皮がかぶっている。実が熟するとその皮の一方が裂け、急に裏返しに反転するから、その勢いで中の種子を外へはね出すのである。なぜ種子をはね出す必要があるかというと、その種子を遠くへ散らばして、広い地面に新しき苗を生えさせせんがためである。このかたばみで赤紫の色をしたものはあかかたばみという一つの変種である。

やえむぐら

ちょうど今頃小さき実がなっている。その実は鈎のように曲がった毛が生えているから人の衣物などに付着する。さればその種子を処々方々に送りてそこに苗を生ぜしめ、子孫の繁殖をはかったものである。このように実が他物に付いて遠きに運ばるる植物ははなはだ多い。ぬすびとはぎ、いのこずち、きんみずひき、おなもみなどその他たくさんある。このやえむぐらは、かの「やへむぐら茂れる宿の」云々の歌によってこの植物の名とするは悪いと言う人もある。すなわち本当のやえむぐらは、今いうかなむぐらという草であらねばならぬというのである。このかなむぐらはかの「ビール」へ苦味を付けるホップと同属の一種であって、どこでも見られる蔓草である。西洋では園芸植物としてこれを賞観したことがあるが、わが日本では一つのつまらぬ雑草である。やえむぐらの葉は一つの節に六枚も車のように出ているが、しかしその中で真正の葉はただ一対ずつしかない。あとのものは葉の形をした托葉というもので、本当の葉ではなく、葉の付属物である。つまり家来が旦那様と同じ形貌を装うているのである。そういう場合に、どれが旦那様でどれが家来であるという見分け方はすぐできる。すなわちその葉の本から枝の出ているものが旦那様である。こんな雑草でもこのように気を付けて見ると、すこぶる興味のあるものである。牡丹の花を見、花菖蒲の花を眺め、あー綺麗などいうくらいではまだ素人の楽しみで、ちょうど女の子が赤い衣物を着て喜ぶと撰ばない。その楽しみすなわち趣味が、だんだん深くなるにつれていわゆる「きもの」を賞観するようになり、ついにぱっとした派手やかなものはあまり興を惹かなくなる。そこになると、一雑草の一見つまらなきようなものの奥底に潜める趣味を味わうようになり、いわゆる玄人筋の人となるのである。このやえむぐらは秋から生え、冬を越して春になりて、だんだん生長したものである。このように秋に生える草はその他決して少なくない。ふつうは春生えるものであるが、それが必ず秋生えるということはすこぶる面白い。こんな草は冬の寒気にもおじけずに雪の下や霜に置かれてもいっこう平気である。春になりて一たび暖気を得ればたちまち生長繁茂する。かの春の七草のせり、なずな、おぎょう、はこべら、ほとけのざ、すずな、すずしろのごとき、みな秋生えたものである。すなわち秋生える先天的の性質を持ったものである。

どくだみ

一名じゅうやくと称する臭気ある草がある。民間で往々これを薬用にする。また女子の頭髪が油で蒸され臭くなったとき、この草の煎汁で洗うことがある。この草は非常によく繁殖し、庭などに生えると、容易に取り尽せぬ難渋なものである。それはその地中の茎（地下茎という竹の鞭根と同じ性質のもの）が縦横無尽にはびこるからである。ちょうど今時分花が咲いている。葉は葵の葉のようで、質は柔らかい。花は細かくそれが短き穂をなし、その本に四枚の白き花弁ようのものがある。世人はこれを花弁と思うだろうが、これはじつは苞と称して葉の変形物である。それが花弁の代用をしている。このように苞が花弁の代用をしている植物はそう珍しいものではない。アメリカから来て日比谷公園に植えてある花みずきの花弁状のものも苞である。日本の同属の山ぼうしの花も同様である。温室内にあるブーゲンビリアの花もそうである。真正な花がありながら、ずいぶんおせっかいをしたものである。これはみな昆虫との関係で、つまり、この虫を呼び寄せる招牌となっている。全体、花に種々の色のあるのはみな昆虫誘引のためで、昆虫を誘引するのは自分の生殖を遂げんがためである。花が香りを発し花内に甘き蜜汁を出すも、みな昆虫を誘惑しようというのである。このどくだみの花もやはり同じく白色四片の苞を花弁と見せ、これで昆虫を釣り寄せるもくろみでできたには相違ないが、しかし今日ではこの招牌はあまり意味がなくなっている。というのはどういうわけかと尋ねてみると、じつはその苞の上の穂をなせる真正の花の雄蕋の花粉（男）が「インポテンス」（陰萎）にかかって、お役目が務まらぬため、結婚媒介者なる昆虫が来る必要がなくなっている。それゆえ今日ではただお飾りに残っているにすぎぬ。

したがって雌蘂（女）の方もいっこうに孕まず、サンガー女史の主張を聴く必要もなくなっている。このようにいっこうに子が生まれぬゆえ、その代りやたらに地下茎で繁殖し人間様を困らせているほど勢いづいている。しかし困った草だが学問上ではまことに興味がある植物である。またこのどくだみは日本と支那とよりほかの国にはなく、かつ特別の種類なので、西洋では大いに珍重がって、これを栽培している。すなわち世界的に名高い植物となっている。

「南葵」とは本字当て字の組合せ

紀州であった徳川家でよく用いている「南葵」の字面は、元来南の本字と葵の当て字との組合せでできたものであるから、じつ言えばあまり好い熟字ではない。南葵文庫など言うといかにも上品でかつ高尚に聞こゆるが、それを解剖してみればちょうど剝製の鳥のようで上辺は綺麗だが中身はつまらぬ鵺的なものである。

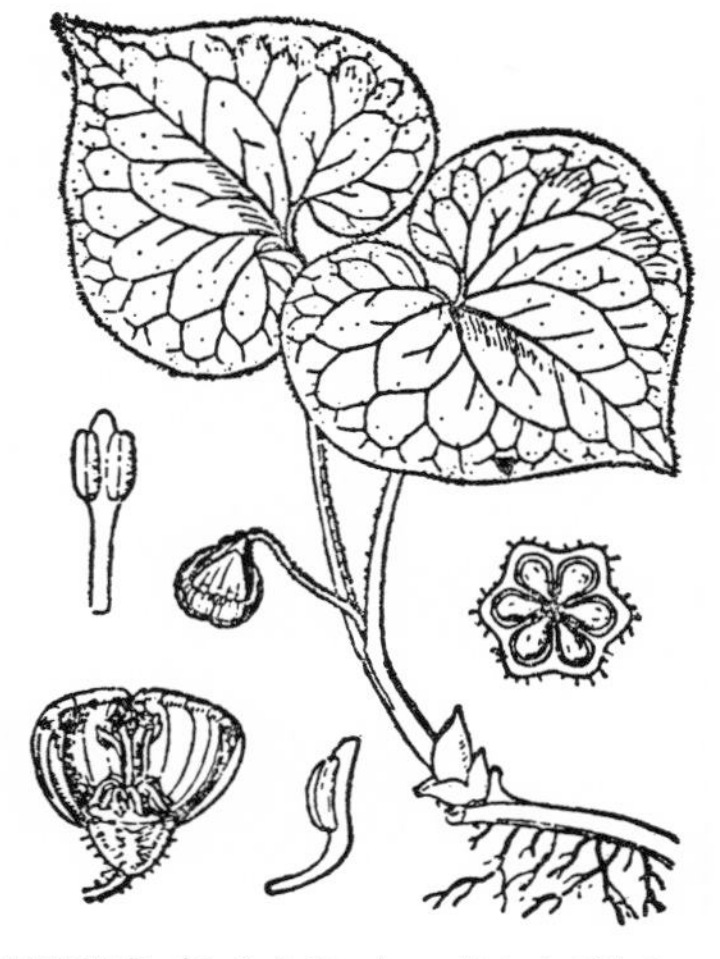

双葉細辛〈かもあおい〉一名ふたばあおい
Asarum caulescens *Maxim.*
（『日本植物図鑑』の図）

徳川家の家紋はあおいであるが、これは元来山城加茂神社の祭に用うるかもあおい、一名ふたばあおい、すなわちいわゆる双葉細辛から来たもので、その葉形に基づきてそれを紋に作ったものである。このかもあおいは元来細辛の類で、その学名をばAsarum caulescens *Maxim.* と称し、うまのすずくさ科に属し本来のあおいすなわち葵とはもとよりなんらの関係ももたないものである。それゆえ「南葵」と書くのは決して良い字面とはいわれない。

しかればあおいすなわち葵とは何であるかと言うと、それはふゆあおいのことで支那で葵と言い学名を *Malva verticillata L.* と称し、あおい科に属する一種の植物である。直立せる多年草で、多く冬時分から葉腋に集まって花が咲き、その花体は小さく花弁は淡紅色であえて見るに足るほどなものではないが、この葵は元来その苗、その根、その子（葵子あるいは冬葵子と称する）を薬用として用いたもので『本草綱目』などに載っている。葵は揆でこの草の葉が日に向こうて傾きその根が日に照らされるのをそれで遮ってこれをおおい保護しているから、あたかもその葉に智があってこれを揆っているものと見立てて、そこでその草を葵と名づけたものだと支那の昔の学者はそう言っている。また畔田翠山の著『古名録』には、『諸経類考』を引用して「天有十日葵与之終始故葵従癸」とも書いてある。葵の語原についてはこんなわけがあるのでわが国文学上では古くひかげ草の名が称えられた。葵の別称としては露葵、滑菜、滑葵、葵菜、奇菜、藤菜、阿郁、向日葵（ひまわりにも向日葵という同名がある）の数名がある。和名はこれをふゆあおいと言い、また単にあおいと称する。すなわちこのあおいの呼称が昔からの本名で、『和名本草』（『本草類編』）には安於伊または阿布比とあり『倭名類聚鈔』には阿布比とある。また『新撰字鏡』には阿保比と出ている。そしてこれをあおいと称するのは『倭訓栞』によれば「あふひ葵をいふ倭名抄にみ

郵便はがき

恐縮ですが
切手をお貼り
ください

170-0011

東京都豊島区池袋本町3－31－15

(株)東京美術　出版事業部　行

お買上げの本のタイトル（必ずご記入ください）

フリガナ
お名前　　　　　　　　　　　　　年齢　　　歳（男・女）

ご職業

ご住所
〒　　　　　　　　　　（TEL　　　　　　　　）

e-mail

●この本をどこでお買上げになりましたか？

書店／　　　　　　　　美術館・博物館

その他（　　　　　　　　）

●最近購入された美術書をお教え下さい。

●今後どのような書籍が欲しいですか？　弊社へのメッセージ等もお書き願います。

●記載していただいたご住所・メールアドレスに、今後、新刊情報などのご案内を差し上げてよろしいですか？　□ はい　□ いいえ

※お預かりした個人情報は新刊案内や当選本の送呈に利用させていただきます。原則として、ご本人の承諾なしに、上記目的以外に個人情報を利用または第三者に提供する事はいたしません。ただし、弊社は個人情報を取扱う業務の一部または全てを外部委託することがあります。なお、上記の記入欄には必ずしも全て答えて頂く必要はありませんが、「お名前」と「住所」は新刊案内や当選本の送呈に必要なので記入漏れがある場合、送呈することが出来ません。

個人情報管理責任者：弊社個人情報保護管理者

※個人情報の取扱に関するお問い合わせ及び情報の修正、削除等は下記までご連絡ください。

東京美術出版事業部　電話 03-5391-9031　受付時間：午前10時～午後5時まで（土日、祝日を除く）

ゆ説文に葵傾葉向日といへり仰ぐ日の義なり」と出ている。大槻文彦博士の『言海』に、「仰ぐ日の略か」と書いてあるのはこの『倭訓栞』から採ったものであろうと思う。このあおいの形状は、岩崎灌園の『本草図譜』(彩色図)ならびに飯沼慾斎の『草木図説』(墨絵)に出ているから、その書について見れば解るが、貝原益軒の『大和本草』には「冬葵冬みのる葉有小岐五にわかる花甚小不足観者是也古は菜として食す内経に五菜の一とす。後世の人不食之故時珍綱目に移入湿草」と出ており、また小野蘭山の『本草綱目啓蒙』には

「葵」かんあふひ　冬あふひ　凡単に葵と称するは皆この冬葵のことなり古は食用とす五菜の一なり故に古文に菜のことを葵と書たる例もありと通雅に弁ず此草は京師に自然生なし諸州江海浜に多く生ず近年城州山城の郷に多く栽子を収て四方に貨す是冬葵子なり一たび種れば永く絶ず繁茂す葉は錦葵葉に似て大きさ三四寸円にして五凸をなし尖らず細鋸歯あり青茎直立す高さ三五尺又紫茎なる者あり葉互生す春月葉間に花を開く大さ三四分許五弁にして多く攢簇す色は白して微しく淡黄紫を帯形銭葵花の如くにして至て小なり花後実を結ぶ、又銭葵子の如にして小し、花は春より冬に至るまで開謝相続ぎ寒中にも花あり冬葵の生葉を採焙り、末となし食用となし乾苔に代べし、一種葉辺びらつきて平かならざるものあり。最可なり、故に其草ををかのりと呼。

と出ている。そして李時珍の『本草綱目』には

葵菜は古人種えて常食と為したれども今は種うる者頗る鮮なし紫茎と白茎との二種あり、白茎のものを以て勝れりと為す。大葉小花にして花は紫黄色なり、其最小なる者を鴨脚葵と名づく、其実大きさ指頂の如く皮薄くして扁実なり、内子は軽虚にして楡莢仁の如し。四五月に種うる者は子を留むべし、六七月に種うる者を秋葵と為す、八九月に種うる者を冬葵と為し、年を経て収め採る、正月に復た種うる者を春葵と為す。

とある。

あおいすなわち葵は前に述べたようにふゆあおいのことであって、蜀葵のたちあおい、錦葵のぜにあおいと縁は近いがまったく別物である。しかるに紋章学の大家沼田頼輔君の著わされた『日本紋章学』（大正十五年三月発行）には、「古来、葵の字を用ゐるも、この文字は錦葵科に属する錦葵、及牻牛児（げんのしょうこ）科に属するてんぢくあふひ等に用ゐられたるもの」とあるがこれは無遠慮に言えばちっとまずい。この場合錦葵を出すは葵の本物、あおいすなわちふゆあおいにごく近くかつ古い姉妹の品種であるから、まず大目に見ることができるとしても、てんじくあおいをここに引き合いに出すのは少しも必要のないばかりでなく、かえってここは考証という事件であるだけにそれに対してまさにこれを訂正する要がある。なんとなればこのてんじくあおいは、徳川末葉時代に外国から渡来したアフリカ原産の植物で Pelargonium 属に属し、いたずらにあおいの名を冒した縁遠き者で、葵というものの本体に対してはまったくなんの交渉ももたない圏外者であるからである。ここにその考証のためにはぜひともなくてならないあおいの本物、ふゆあおいすなわち葵を引き合いに出さねばならなかったわけだのに、沼田君がこの本物を逸しておられるのは、何ごとにも徹底的に研究せられる注意深い同君としてはけだし、いわゆる千慮の一失とでも言うべきもので、この権威ある大著に対し、かつこの著名な葵の紋に対し、まことにもの足らぬ思いがして残念しごくな次第である。すなわちここには、ただあおいすなわちふゆあおいの葵のみさえ出しておけば、じつに他のものはなんにもいらなかった。植物のことにも通じておられる沼田君が、どうしてまあそこに気が付かれなかったかが不思議である。

かもあおいを紋となし徳川氏が用いたことにつき、前記の『日本紋章学』で沼田君の述べられた御説によれば

葵の家紋として始めて見えたるは、見聞諸家紋にありとす。同書葵紋を掲げて、丹波之西田と題せり、即ち西田氏の家紋としてこれを用ゐたりしを知るべし。戦国時代に至りて、三河の松平・本多・伊奈・島田の諸氏これを用ゐたり。徳川氏三河に入り松平氏を継ぎ、亦この紋章を用ゐたり。後、将軍職に上るに及び、是れよりこの紋章は権威を得て、殆ど菊桐の紋章を凌ぐに至りぬ。以上述べたる丹波の西田氏を始め、三河の松平・本多二氏が、如何にしてこの紋章を用ゐしかといふに、いづれも加茂神社の信仰に本づけるものとす。……松平

氏を冒せる徳川氏は、其後本姓に復するに至りしも、尚、松平氏の家紋を用ゐ、遂に将軍職に上りしかば、ここに於いて、従来葵紋を用ゐ来りし松平氏は、これを憚りて、葵、葡萄、鳩酸草等葵類似の紋章に改めたりしことは、謂はゆる廂を仮して母家を奪はれたるが如きものと云ふべし、是れより葵紋は徳川氏独占の紋章となり一同親藩の外は、決してこれを用ゐるを許さず。……葵は加茂祭に用ゐられたる霊草なるが故に、この神を信仰せる人々が、この植物を神聖視し、紋章の行はるゝ時代に至りて、これを象りて家紋を定むるは、当然の帰結にして猶天満宮を信仰するものが、梅鉢の紋を用ゐ、諏訪明神を信仰するものが梶葉の紋を用ゐるが如きものにして、謂はゆる信仰的意義に本づける紋章とす。

であるので、これによってこれをみれば、この葵のできた由来がよく分かる。

（以上『随筆草木志』より）

大根一家言

私はわがダイコンを、Raphanus sativus *L.* 外に別に特立している species だとは決して考えてはいなく、また断じて信じてもいない。要するにダイコンは遠くその源を Radish なる Raphanus sativus *L.* に発し、それがはるかの昔に支那へ入り来たって漸次に発達し、さらにこれがわが日本に入って、ここではるかに支那以上の発展を遂げ、ついにわが日本をして世界第一の大根国たる名誉を獲得せしめたのである。そしてその発達せるダイコンを取りこれをその原種なる Raphanus sativus *L.* すなわち俗にいうラジシ（Radish）なるセイヨウダイコンと比ぶれば、その形状に大小長短、その質に硬軟の不同はあれども、しかし「種」すなわち species としての相違はついにこれを発見することはできない。すなわちその茎葉の状態、またその花実の構造ならびに形質などはなんらそれが別種たるの botanical characters を示していなく、またその根は両者に大小長短の差こそあれ、そのもとのほうが茎（すなわち発芽のときの Hypocotyl）でその末端（うら）のほうに向こうた部分が真の根であることも両者まったく同一で、決してあい異なってはいないのである。ゆえに今日の支那および日本の大根をもってラジシの外に超然と独立せる種（スペシース）

と考えるのはきわめて不徹底な見解である。すなわち気を利かして広く考うれば、かくのごとくラジシと大根とはまったく一家同種である。しかし大根は悠久な年月の間環境の異なった東洋の異域で培養せられた結果、自然にその形態性状に変化を招来し、少なくも今日これを母品のラジシの一変種（variety）と認むることができないわけではないようになった。これによってこれをみれば、ダイコンを日本での独立種とみなした学名の Raphanus macropodus *Rév.* や、また **R.** acanthiformis *M. Morel.* をそのままその命名学者に雷同盲従し、軽々にこれを受け入れその学名を修正することなしにそのまま用うるのはすこぶる疎漏であると愚考するのである。公平にダイコンを正視熟察した人はあえてそんな軽挙はしないのであろう。そこでダイコンの学名は広汎意に考えれば Raphanus sativus *L.* でよいけれども、これを狭義のものとすれば、それはまさに **R.** sativus *L.* var. acanthiformis（*M. Morel.*）*Makino*（= *Raphanus acanthiformis* M. Morel. = *R. macropodus Rév.* = *R. sativus* L. *var. macropodus* makino）である。そしてこれには多数の品種が含まれており、これらの学名は昭和三年（1928）に発表したことがあったが、後さらに昭和十四年（1939）十二月発行の『実際園芸』第二十五巻十二月号の誌上で再びその改訂名を公にしておいた。

さて学者によっては Raphanus sativus *L.* を支那の原産のように信じていれど、それは無論誤りであることを私は保証する。そしてダイコンが支那の原産ではない事実は、支那におけるかれの名称がこれを証明してあまりあるのである。ひっきょうダイコンは大昔には全然支那にはなかったものである。しかしてそれが上古に初めて支那に入ったのだが、たぶんそれは初め欧洲の東南部か、あるいはアジア西部かに発程してアジアの中央をとおり、さらにいわゆる支那の西域からしだいに東漸して来た人種によってもたらされたものであろう。

ダイコンの支那での最初の名は蘆葩であった。そしてその後にその字面が蘆菔となり萊菔となり、さらについに蘿蔔となったが、これらは単にその字面が変わっただけでやはり依然たる音訳字たることを失わない。ゆえにこの蘆葩も蘆菔も萊菔も、また蘿蔔もともにその字面にはなんらの意味をも持っていない。

蘆葩は漢音、呉音ともにロヒであるが、支那の昔の学者はこの場合これをラホクと言うのだと書いていることがある。同じく蘆菔はロフク、萊菔はライフク、蘿蔔はラフクであって、蘆菔も萊菔も蘿蔔も、ともに蘆葩をラホクとする音とはよく似ている。しかしこれを近代の支那音にすると、蘆葩はルヒ、蘆菔はルフー、萊菔はライフー、蘿蔔はロペー（貞享二年［1684］刊行、向井元升の『庖厨備用倭名本草』という書物に、蘿蔔にラフと振り仮名がつけてあるのは面白い）となるのだが、支那の発音は古代と今代とにおいても、また南方と北方とにおいてもそうとう相違がある。が、とにかく蘆菔も萊菔も蘿蔔も、いちばん最初の蘆葩の転訛であることは同じである。それは李時珍も彼の『本草綱目』萊菔の「釈名」において、「萊菔は乃ち根の名、上古之を蘆葩と謂い、中古に転じて萊菔と為り、後世訛して蘿蔔と為る」とのべている。そして別にこれを紫花菘とか、温菘とか、土酥とか言われているものはむろん後世人の下した名称で、ひっきょうこれらはただその形態性状に基づいて呼ばれ、なんら上にあげた古代からの名とは連繫はない。

支那に作られてあるダイコン、すなわち萊菔には、その培養の結果によって、すなわちその根に大小硬軟の差が生じているのは、これはあたり前のことなのである。それについて、往時の支那の学者は

萊菔は南北に通じてあり、北土に最も多し、大小二種あり、大なる者は肉堅く宜しく蒸して食うべし、小なる者は白くして脆し、宜しく生にて啖うべし、河朔に極めて大なる者あり、而して江南安州洪州信陽の者は甚だ大重にして五六斤に至り或いは一秤に近し、亦一時種蒔の力なり（漢文）

と書いているが、それ以後世が進むにつれて、確かにもっと多数の品種が生じていることはもとより想像に難くない。ゆえに近代は昔と違って必ずやなお多くの異品種が現われているのであろう。

わが邦では上古にこれをオオネといった。これは大根（オオネ）の意で、すなわちその根が大きいからである。後このオオネを漢字で大根と書いたところが、たちまち人々がこれを音読してダイコンと呼ぶようになり、それがついに今日日常の通名となっているのである。それゆえこの大根は決して漢名すなわち支那名ではないのである。地方によってはダイコンをダイコだのデーコだのデー

コンだのと呼んでいる。

欧洲では往時カブ（蕪菁）を Rapa とも Phapus ともまた Rhaphus ともいったが、今日英語では Rapa はこれから出ている。またラジシのダイコンを Rhaphanis とも Rhaphane ともいい、欧洲カブもダイコンもその語系は同じようだが、こんな語のラジシが既に前にも述べたように、欧洲からアジアの中央を東へ向かって移遷し来たった人種によってついにこれを支那に伝え、そこで支那人がラフスとかラフェとかと呼んでいるような彼らのとなえを聞いてそれを支那字で蘆菔と書いたものではなかったろうかと私は想像するが、この新説はずっと以前から私の抱懐し、主張し、かつ唱道しつつあるものである。そしてこの説が果して正鵠を得ているかどうかは分からんが、とにかく私はそう信じている。そうでないと音訳字なるこの蘆菔の問題は解けんのである。が、この蘆菔の文字の存

萊菔（支那産）
（『植物名実図考』より）

在がまた、支那にダイコンがあったかなかったかの問題を決するキーとなるのは興味ある事件であると言わねばならない。

今その品種が新天地なる支那へ入りこんで来、それが人間にとってまことに重要な食物を供給する資源品であるから、支那人は喜んでそれを栽培し、歳月を閲る〔牧野いう、こんな場合の閲はケミスと読んではいかん。これは歴る意味のフルでなければならない〕にしたがいしだいに広く支那の国内へ拡まり、ついにその気候風土に慣れてそれがその形状大小の性質に影響し、漸次に原品よりは優良な品となりついに支那での蘆葩より萊菔に発達したものである。ゆえに萊菔すなわちダイコンを支那固有の蔬菜とみるのはもとより早計、否誤りであると私は断言するにはばからない。そしてその母植物は無論ラジシ（Radish）であるから、今日東洋のダイコンはじつにその間に幾変遷を歴たその子孫であって、まずは少なくもその変種的になっているものであると躊躇なく私は公言するのである。ゆえに東洋のダイコンを特立種とみた学名の Raphanus macropodus *Rév.* だの R. acanthiformis *M. Morel.* だのはなんら採用するに足らないものである。

今日欧洲において当然あるべくしてあえてそこに見つからぬものは、野生のラジシすなわち野生の Raphanus sativus *L.* であって、これはただ畑に栽培しある cultigen のみである。おもうに、たぶんその野生品が既往においてとっくに早く絶滅したのであろう。一時は欧洲の圃地などに野生している一年生草本の Raphanus Raphanistrum *L.*（通常黄花を開く、和名セイヨウノラダイコン）

がその野生品ではなかろうかとの説もあったようだが、後それはそうでないということが分かってラジシの発祥地は依然として不明なことになっている。

元来ダイコンの生まれ故郷は必ずや海辺の砂地であったに違いないということは、私の案出した新考説で私は以前からこれを確信している。したがってダイコンは海辺植物の一つなのであると言っても決して無稽な冗談ではない。すなわち邦内諸州の海辺に多いハマダイコンが明らかにこれを証明している。

このハマダイコンはもと栽培大根の種子が逸して海辺へ達し、そこで自生の姿となったものである。しかし大根の種子が野へこぼれても、はたまた山へ散り落ちても決してそこで野生のものとはならないにもかかわらず、それが一朝海辺であってみるとたちまち容易に野生の状態と化して、自ら種子より生え、自ら生長し、自ら花を開き、自ら実を結び、また自ら種子を播き、あえて人手を借らずして年々歳々そこに力強き生活を繰り返しいっこうに果てしがない。そしてこの容易に海浜に生ずる事実を細心観察するときはすなわち、それが疑いもなく海浜植物であることを確認することができるであろう。またさらにその長角なる果実を検するときはなおいっそうそれが海浜植物たる事実を裏書きしていることを確かめ得るのであろう。すなわち実の節にくびれがあって、ために念珠状を呈せるこの果実が熟後砂上に委して風日に曝さるれば、ついには節々あい離れ、その一節には各一個の種子をいれ、軽鬆質の厚い果皮でこれを包み、その果皮の質がすこぶる軽いがためにそこへ波が寄せてくればたちまち泛子（うけ）のように浮かんでその波のひくにまかせ、もってよそに運ばれ、また風が吹きくれば、それに吹かれ容易に砂場を転々して他に移動し、その結果遠くに近くに種子を散布し、そこに萌発を見せて繁殖の素地を作るのである。前述のとおり軽鬆質の厚い果皮で種子を包んでいるがゆえに、暫時は海水の滲透に抗し、種子はこのように海水より保護せられ、まもなくこれが砂場の適所に放置せらるれば、すなわちついにそこで貝割葉を出すのである。このハマダイコンの果実がカブやアブラナなどのようにその果皮を開くものとは違い、節々各一つの種子を包蔵してあえて開かないのはそこに大いに意義があるのである。そして久しい年月の間、櫛風沐雨寒暑旱霜の苔撻（ちたつ）のもとにその植物の形体が自然に野生的に変化し、茎葉には粗毛を増し、花色はいちだんと濃度を加えて紫色鮮かに〔たまに白色のもの forma albiflorus *Makino*（flowers white.）またあるいは淡紫花のもの forma purpurascens *Makino*（flowers purplish.）が普通品にまじって生じていることがある〕、果実は痩せてかなりいちじるしい念珠形となっている。今試みにこれを採って圃地に移植し、あるいは圃地に播種して培養すれば、必ずやたちまちまた元の大根の状を呈わしその根もまたしたがって大きくなることは請け合いである。以上によってこれをみれば、大根は元来海浜植物の一つであるということにはだれも異存はあるまいと思うが、しかし従来これをそう言った人はまったくなかった。もしも大根に魂があれば、それが海浜に生えたときには、かれははじめて懐しいわが故郷に帰ったのだと翩舞雀躍（へんぶじゃくやく）することであろう。

右のハマダイコンの根は通常わりあい辛味が強いので、蕎麦麺（麺は麪の俗字）を食うときその辛味料としてこれに伴わすのは適当だと思うから大いにこれを利用したらいいのだが、恐らくまだだれも実地に試した人はあるまい。すなわちいわゆる辛味大根の代用品となるわけだ。またこれを畑に作れば同じく辛味大根ができるのである。ところによって既に作られてある辛味大根には、こうした由来を持っているものもありはせんかと思う。これはもといずれから出たものか今はまったく分からんが、江州伊吹山下にネズミダイコン一名イブキダイコン（わが邦の本草家が従来これを沙蘿蔔に当てているのは非で、この沙蘿蔔は野生せるニンジンすなわち胡蘿蔔である！）というものが作られてあって、味がはなはだ辛くソバキリに添えるには大いによろしい。昔は京都へも出したといわれる。また松岡玄達の『食療正要』によれば、右のネズミダイコンが「今山城鷹ヵ峰大亀谷多種レ之」と書いてある。しかし今日ではどうであるのか。

舶来種に黒ダイコンと呼んでその根皮の黒色な品があって私の若い時分に郷里で一度作ったことがあった。これはラジシの一変種で、Raphanus sativus *L.* var. niger *DC.* というものであるが、わが邦ではめったに見られない。

（昭和二十三年『続牧野植物随筆』より）

蓮の話

諸君は、諸所の池において「蓮」を見ましょう。その清浄にして特異なる傘状の大きな葉と、その紅白もしくは白色の顕著なる花とは、一度これを見た人の決して忘るることのできぬほど立派なものであります。またその蓮根と呼ぶものを諸君は食事の時にときどき食するでしょう。その孔の通った奇異なる形状はこれまた諸氏の常に記憶するところのものでありましょう。

通常蓮根と呼んで食用に供する部分は、世人はこれを根だと思っておりますが、これは決して根ではありません。それなればこれはなんであるかと言えば、これは元来ハスの茎の先の方の肥大した一部であります。この茎はすなわちハスの本幹と枝とであって、あたかもキュウリやナスビなどの幹と枝とに同じものです。このキュウリやナスビなどはその幹枝が空気中にありて上に向かい立っておりますが、ハスでは幹枝が水底の泥中にあって横に匍匐（ほふく）しているのです。このごとく泥中や地中にある幹枝を学問上では根茎とも言えばまた地下茎とも言います。それゆえ通常世人が称する蓮根なるものは学問上より言えば地下茎、一名根茎と言わねばなりません。またこの蓮根を雅に言えば蓮藕（グウ）または単に藕とも称えます。

この蓮根の食用に供する部は、諸君が知るごとく肥厚しているが、しかしハスの地下茎はその全部、本の方も末の方もみなこのごとく肥大であるかというと決して左様ではありません。すなわちその大部分は細長くて通常泥の中を走っており、諸所に節ありてこの節から枝を分かち、また葉もしくは花を出すのです。この細長で太い紐のごとき部分をハイネ（這い根の意）すなわち蔤といいます。この蓮根のこの細長い部はあまりに痩せているので食用とするには足らぬのでありますが、しかしその嫩き部を食すればその味がすこぶるよろしい。この細長い部は春より夏にかけてだんだん長く生長し、その節と節との間、すなわち節間の長いものはおよそ二尺にも達するものであります。前述のごとくこのハイネより葉も出せば花も出し、また節に一本ずつ互い違いに、多い場合は三、四十本の枝（この枝よりまた枝を出す）を分かち、数間より、長きものはおよそ二十間くらいの長さに伸長して、ついに秋にいたってその先端ならびに枝の先端の二節間くらいがはじめてようやく肥大し（この部は泥中にて少し下さがりに向かいている）、このところに多量の養分を貯蔵して来年萌発の用意をなし、晩秋より冬にかけてその後部の瘦長な部はようやく枯死し、この肥大な部、すなわち通常世人が蓮根と称して食用に供する部分のみ年を越して泥中に残り、来年になればこの部の前端の芽が前年に貯蔵せられたる養分のため漸次に生長を始めて伸長し、前年のごとくまた瘦長なるハイネを生じて秋にいたり、また前年のごとく背の先端に肥厚の部、すなわちいわゆる蓮根を生ずるのであります。

通常蓮根と称する部を併せての全体は、このようなものでありますが、それなればその真の根はどこにあるかと言えば、真の根は繊維の形、すなわち鬚の状をなして、その根茎の節より多数に生じている。このごとき繊維状、すなわち鬚状をなした根は学問上でこれを繊維根、一名鬚根と称えます。

蓮根を切れば多少白汁が出ます。そしてそれに大小幾条のかの孔が通っている。この孔は細胞の間の空隙で自ら気道を作っておって、その大小数条の気道の排列には自ずから一定の規定があります。すなわちその蓮根の上になっている所と、その下になっている所とは、その孔の排列が違うから、その孔の状を見れば、すぐにその蓮根の上下が分かります。すなわちその孔は左右は同じことであるが、上下はその大小排列が違っています。上の方に小さき孔が二つあるが、下の方には大きな孔がただ一つしかありません。ハイネを切ってもまた同様であります。

蓮根を採るには白花のハスの方がよろしい。観賞用としては多くは紅花の品を植えています。蓮根ができてもはや掘ったらよい時分には、泥がひび割れるほどに水を排除せば蓮根はよく固まります。またハスを栽え付けるには、その前年の蓮根を掘らずにおいて春の八十八夜の前後十日、すなわち八十八夜を中にしておよそ二十日くらいの間にこの掘らずに種に残しておいた蓮根を掘り来たってこれを栽え付けるのですが、その蓮根を横に泥中に入れ少しく後方に曳いておくのです。この蓮根は後部は少々泥中より出ておっても差し支えはないが、前端すなわち芽のある方はよく泥中へ埋めおかねばなりません。この種蓮根は一坪におよそ三、四本栽えるのであります。

支那バスは、蓮根の節間が短くて肥大している。東京の市場でふつうに売っておって支那バスあるいはチャンバスと呼んでおり、東京付近の地に作ってこれを市内へ持ち込むのです。その蓮根の肉は煮れば柔らかくなり世人はあまりこれを歓迎しません。花は紅白淡紅の三品があります。このハスは明治九年に支那から渡り来たったものであって、その詳細の記事が明治十二年三月博物局発行の『博物雑誌』第三号に載っています。

ハスの葉はいわゆる荷であって、前述の蓮根、すなわち地下茎の上に生じますが、春前年の蓮根の中央の節に出ずる葉は形が小さくて水面に浮かんでいます。これをゼニバすなわち銭荷と称えます。これに次いで旧蓮根の前方の節より出ずる葉は形がやや大きく、これも水面に浮かんでいます。これをミズバすなわち藕荷と称えます。それから後の葉は右の旧蓮根の前端の伸長してできた新地下茎より出て、いわゆる芰荷といって水面に浮かぶことなくて、みな水面上に出ており、その大なるものは数尺の高さに達します。一番終りの葉は少々形が小さくて、トメバと称えます。このトメバは熟視すればすぐに他の葉と見分けがつきます。このトメバが出たらその前方に肥大の蓮根ができた証拠で、蓮根を取るにはこのトメバを見て掘るのです。このトメバの裏面はよく紅色をさしている。これらの葉はみなハイネすなわち地下茎の節より一つずつ出て、かつ各長き葉柄をそなえています。この葉柄はかく地下茎の節より出ずるものだが、この節には数片の初め白色のちに黒色になる膜質の大なる鱗片が生じています。葉柄はゼニバおよびミズバのものは痩せかつ弱いが、トメバのものは強くて直立し円柱形をなしてその表面に小刺を散布している。この小刺はやや下に向かいており、たぶん自体を保護するためにできているのでありましょう。この葉柄の内部には数条の孔が通っています。この孔は蓮根とその性質が同じことで、やはりこれも細胞間の空隙で気道である。この孔の排列が背部と腹部とで違っていることはあたかも地下茎のそれに比して同様であります。またこの孔の内面にはその壁面にまばらに毛が生じていることはこれを裂いてみればよく分かります。しかし地下茎の方には毛がありません。またこの葉柄を折ってみれば苦き白汁が出ます。また無数の至細な糸が引き出されます。すなわち昔藤原豊成の女(むすめ)、中将姫が和州当麻寺にあるハスのこの糸で曼陀羅を織ったと言い伝えられています。この曼陀羅は横およそ三尺ばかりにして、極楽の諸仏の図を写し著わしてあります。この糸はあたかも蜘蛛の糸のようであるが、これはその葉柄の組織の中に多き維管束中の螺旋紋導管の周壁をなしたる螺旋状をなせる糸であります。葉柄を折ればこの糸が引っ張り出され、螺旋状になりおるものが両方へ引かれるために伸びて出てくるものであります。また地下茎すなわちハイネよりいわゆる蓮根を通してまた同じくこの糸があります。

葉面はこの長き葉柄の頂に楯形に付いて、その大なるものは直径およそ二尺余もありましょう。そして浅き杯形をなして天に向かっていますが、しかし通常やや前方の方に向こうている。葉形は円いがその上端をなせる葉頭とその下端なる葉底とはただちに見分けがつくようになっています。すなわち葉頭も葉底も葉縁がやや凹んでかつ小尖点があります。しかしゼニバ、ミズバの方はやや凸出していることがふつうです。その葉頭はその葉がやや側を向く時は必ずその上部をなし、かつ地下茎の後の方に向こうています。その葉底すなわちアゴは必ず下部をなし前方に向こうております。しかしてその中央より葉頭に走る脈と葉底に走る脈とがあり、その他中央より発出する葉脈は右の葉頭葉底に走る葉脈の左右に必ず同数をもって発出しております。それゆえその左右より巻きたる巻き葉にあっては葉脈は左右必ず同数で、その脈は両側とも相対しており、すなわちその左右には各十条ばかりの葉脈があって下面に隆起しておりますが、ミズバならびにゼニバには左右各六、七条の葉脈があります。

ハスの葉の表面へ雨などの水滴が落ちてきても、少しもその表面はうるおいませぬ。その水はあたかも水銀のごとく光を放ってついに葉面よりころげ落ちます。このごとくその表面は少しもうるおわずかつその水滴は珠玉のごとく光を放つのはいかなるわけかと言いますと、これはその葉の表面に細微なる刺状の突起（表皮の細胞の一方上になってる方が突き揚がっている）がたくさんあり、たとえ水滴がその表面に落ち来てもその小突起の間に空気があるので、水をして葉体に膠着せしめないからであります。またその水滴に光のあるのは、その水滴が件(くだん)の空気の接触している表面があたかも鏡のごとく強く光線を反射するからであります。サトイモの葉の表面もまたこれと同様、その表面に細突起があって、その表面に落ちる水滴を同じく珠玉のごとく見せるのであります。この浄き水の白玉を左のごとく詠じたるものがある。

濁りある水より出でゝ水よりも浄き蓮の露のしら玉

ハスの葉には、一種の香気があります。もの好きな人はときに飯にこの香気を移して楽しんでいます。夜間ハスの生えている池辺を逍遥すれば、この香気がたちまち鼻を打ち来たりてすこぶる爽快を覚えます。

ハスの花を古人は花之君子者也とか世間花卉無踰蓮花者とか言ってほめそやしています。いわゆる菡萏（蓓蕾の時をかく言うともいう）は長き花梗を有し、葉とともに一個ずつ根茎すなわち地下茎の節より出ています。その位置は葉柄の腋にあるのでなくて、かえってその背の方にあって鱗片の腋より出ている。すなわち節上に葉一個と花一個とが出ています。そして高く水面上に抽き、なお葉より高く出ずることが多い。花梗は葉柄とその形状大小が同じで、やはりその表面に小刺があります。このごとく、葉もなく、ただその上に花ばかりある花梗をば学問上では葶と称えます。

花はその葶の頂端に一個ずつありてはなはだ大きく、花色は紅色のものがふつうでありますが、また白色のものがあります。また花色にも濃淡などありて園芸家は種々の品種を作っております。白色のものは蓮根のよいのができますから蓮根採取用として所々に植えられています。

花は黎明の前後に開き午後には閉じるのであります。四日間このごとく開閉して終りに開いたまま、花弁は散落します。世人はハスの花が早朝開くとき音がすると信じているが、そんなことは決してありません。これはその包むがごとき花弁の開くとき、ポツと音がするように想われる迷誤より来たった説で、実際は決して音はしません。またある人はそれは開花に際し花弁のすれ合う音だと言うけれどもまったく牽強付会の説であります。花は萼と花弁とを併有するが、萼片と花弁とはその境界が判然しません。外部の四片はもちろん萼片であり、内部のものは花弁であります。花弁はその数がすこぶる多く二十枚くらいあり、長楕円形で内にかかえかつ縦に皺があります。

萼片は花弁より短くかつ早く散落します。

雄蘂は多数ありて放大せる花床、すなわち花托の下に多数相生じ黄色を呈し、葯の上部は棍棒状の付飾物となっています。

子房は、数が多く個々倒円錐形の大形花床すなわち花托（蓮房もしくは蜂窠と称する）の上平面の凹所に陥在し、卵円形で中に一個の卵子（誤称の胚珠）がある。この卵子は後に種子となる。そしてその背部に一個の小さき突起がある。この子房には各一個のきわめて短き花柱があって、この花柱は花托の表面に出て現われている。その花柱の末端に柱頭があって楯形をなしています。花がすんだあとこの子房は日をおうてだんだん大きくなりて生長し、ついに楕円形の堅い果実をなすとき、その海綿質の花床（花托）も一層増大して、その状あたかも蜂の巣に蜂の子がいるような様をなしていることは諸君がよく知るところでありましょう。この花床すなわち蓮房が後には下に点頭してさかさまになり、その果実がだんだんその蓮房より離れて水中に落ちます。落つれば果実の先端が下となり、その蓮房に付着していた本の方が上になる。そうすると中の胚はちょうど上に向くようになる。芽立つときにはこの果実の尻が破れて中の芽が出るのであるが、ハスの果実は皮がはなはだ堅いからこのごとく芽立つことが容易でありません。世人はあるいはこの大花床を果実と思い、その表面の凹所に陥在せる果実を一つ一つの種子だと思うものがあるけれども、そうではありません。この一個一個の果実はすなわちいわゆる蓮実で一見種子のように見えるけれども、決して種子でなくて果実なのです。この果実は初めは緑色であるけれども、成熟するときは果皮が非常に堅くなりて革質様の殻質を呈しその色も黒くなります。このときこれを石蓮子と称えます。この緑色のときは内部の種子なお未熟の際ですから柔らかで生で食べられます。この種子は果実の中にただ一個あってその種皮ははなはだ薄い。この薄皮内の白肉は味が甘いが、これはいわゆる蓮肉であります。この蓮肉は学問上でいう子葉で、元来二片よりなり、多肉で半球形をなし、その辺縁は相接着して球形を呈し、その中部は空洞となり、そこにいわゆる薏（ヨク）と称する緑色の幼芽があります。この幼芽は味が苦いからまた苦薏とも称えます。この苦薏は学問上の語は幼芽であって、二枚の幼き葉があってその葉はその葉柄が内曲しています。この果実を植えるとき砥石あるいは鑢でその頭を磨り破るか、あるいは焙烙(ほうろく)で炒っておくときは、水が滲み込みやすいゆえ早く芽が出ます。その芽が泥中で果実を出れば既に果実中に用意せられた二、三枚の葉、すなわち薏の葉は増大生長して可愛らしい円形の葉面（ハスの葉ははじめからまったく円形で決してオニバスの初生葉のごとく一方に裂け目がない）を水面に浮かべ（ハスにはカワホネのようにまったく水中に沈在せる葉はありません）、これと同時にその茎がやや長じて鬚状の根を出し、また同時に地下茎すなわちハイネを横に出して日をおうて延長し、その節々より鬚根を生じ、また葉を出しこの葉は水面上に抽き出ずるのであります。

ハスの果実は、蓮房すなわち花床（花托）の上面の凹巣の中にゆるく坐っておって、成熟の時分その蓮房を振ればガラガラと音がする。しかし俳人がこの果実すなわちハスの実がポンと音して、自然に蓮房より遠くへ飛び出るように想うているのは誤りであります。ちょっと飛び出そうに見えるから早合点してそう想ったのであろう。「蓮の実と思いながらも障子明け」と詠じたのは実況ではありません。

ハスの種類の中に観音蓮と呼ぶものがあります。これは葶すなわち花梗の頂に二ないし五花ばかり集まりて開くもので、花弁相重なりて八重咲をなし、花心に蓮房がない。それゆえこれは実ができない。前に述べたかの中将姫が織ったという曼陀羅は、このハスの糸をもって作ったとのことであります。

また通常の蓮花で、梗頭に二花開くものを並頭蓮といっている。これは別に特別の種類でなく、ただハスの一時の変形である。東京上野公園の不忍池にはハスがたくさんあって、年々無数の花が出るが、このごとき変形物は稀に見受けるにすぎません。

ハスはまたハチスという。ハスはこのハチスの言葉の縮んだものである。しかしてハチスはもと上に記したる蓮房の形より来たものであります。蓮の字は元来はハスの花床（花托）の名であるが、今は通常その全体の名に用いられている。芙蓉というはハスの一名であるが、今世人が芙蓉と呼ぶものは元来は木芙蓉なので、これはゼニアオイ科中の一灌木の名であります。花が大きくかつ美麗であって、ハスの花のようだからこの植物を木芙蓉と呼んだもので、これと混雑を避けるためにハスのことを水芙蓉とも草芙蓉とも言って、この両者を区別しております。

ハスは日本でも古くから作っておりますが、むろんもとは他国から渡りしものであります。隣邦の支那にも往昔より栽培しているが、しかしその原産地は天竺すなわち英領のインドなので、支那も初めはもとより同国より輸入したものでありましょう。なおハスはペルシァ、マレー群島ならびに濠洲にも分布しております。

支那のハスは、前にも述べたように蓮根の節間が短くて太いが、わが邦に往古から栽培せられているものは、諸君が知らるるごとく節間が長く延びている。わが邦のももとは支那産のもののごとく切迫せる節間を有せるものであったのでありましょうが、永き年の間、泥および水などの状態のため、漸次にその原形を変じて、ついに今日のごとき痩長形のものとなったのではないかとも思いますが、これは正確の考えだか架空の説だか、いま少しよく詮索せねば分かりません。

初めこのハスはヒツジグサ属、すなわち *Nymphaea* 属だと学者が思っていました。それゆえそのときの名は *Nymphaea Nelumbo L.* であったが、後この属のものでないことが分かって別にハス属が設けられました。それゆえ今はその名を *Nelumbo nucifera Gaertn.* と称し、一名を *Nelumbium speciosum Willd.* といいます。また *Nelumbo indica Poir.* 、ならびに *Nelumbo javanica Poir.* の異名があります。このネルンボすなわち *Nelumbo* はインド、セイロン島でのハスの方言であって、すぐこれを採ってその属名にしたものであります。北アメリカには黄花を開くハスがあります。これはもとよりアジア方面のハスとは異なって、花色が黄色であるから園芸品としてわが日本へ輸入したら大いに喝采を博することでありましょう。この黄花のハスはその名を *Nelumbo lutae Pers.* と称えます。ハスについてなお詳説すべきことは多々ありますが、これは他日に譲るとします。しかしてその中で一番世人の蒙をひらきたいことは、ハスの花も葉もその真相がよく分からず、またその根をすべていわゆる蓮根だと思い違えており、否むしろ見ずして空想をたくましうしていることであります。ここにいたっては文字ある学者先生でも事実を知りおることについてその多くは、文盲なるハス掘り奴におよばぬのであります。

〔補〕　以上叙する事実は今から三十三年前の明治四十二年に世に公にしたもので、このように蓮についての種々な事がらをほとんど残りなくつまびらかに知っていた世人は、当時まだ世間にはなかったのである、そして右の文章によってそれが初めて明瞭になった点が多い。今その一例を挙ぐれば、蓮の花は、かの多肉な蓮根から出て咲いているという謬想を打破して、これを是正した類である。

（昭和十八年『植物記』より）

菘とはどんな菜か

菘をまず学名でいうと、ジュウジバナ科中の Brassica campestris *L.* subsp. Napus *Hook. fil. et Anders.* var. pekinensis *Makino* = *Sinapis pekinensis* Lour.（Loureiro 氏の Flora Cochinchinensis に Pĕ tsái とある。すなわち白菜である）= *Brassica pekinensis* Rupr. = *Brassica Pe-tsai* Bailey である。この菘は元来支那産の蔬菜であって古くより一に白菜（後世結球白菜の生ぜしずっと以前の昔からの名）といわれた。『本草綱目』で李時珍が言うには、「按ズルニ陸佃ガ埤雅ニ云ワク、菘ノ性冬ヲ凌イデ晩ク凋ミ四時常ニ見エ松ノ操アリ故ニ菘ト曰ウト、今ノ俗之ヲ白菜ト謂ウハ其色青白ナレバナリ」とある。これでみると菘の意味も白菜の意味もともに明瞭である。（牧野いう、右の『埤雅』の原文は「菘ノ性冬ヲ凌イデ凋マズ四時長ク見エ松ノ操アリ故ニ其字意ニ会ス而シテ本草以テ交モ霜雪ニ耐エルト為ス也」である）。

また右『本草綱目』の「集解」には、この菘につき歴代学者の説が引用せられ、また著者李時珍の説も出ているので、まずここにこれらの諸説を抄出して菘の性状を明らかにしてみよう。

弘景（牧野いう、梁の陶弘景の『名医別録』）が曰うに「菘に数種あり猶是れ一類にして止(ただ)其美と不美とを論ずるのみ、菜中最も常食と為す」とあり、宗奭〔牧野いう、宗の寇宗奭の『本草衍義』〕が曰うには「菘の葉は蕪菁の如く緑色差や淡し、其味微苦、葉嫩にして稍闊し」とあり、頌〔牧野いう、宗の蘇頌の『図経本草』〕が曰うには「揚州の一種、菘、葉円くして大なり、或いは篦〔牧野いう、扇である〕の若(ごと)く之を啖うに渣無く、絶(はなは)だ他土の者に勝れり、疑うらくは即ち牛肚菘〔牧野いう、『事物紺珠』に馬面菘の名がある〕ならん」とあり、時珍〔牧野いう、明の李時珍の本書すなわち『本草綱目』〕が曰うには「菘は即ち今の人呼んで白菜と為す者なり、二種あり、一種は茎円厚にして微青、一種は茎扁薄にして白し〔牧野いう、茎というは葉柄を指す〕、其葉皆淡青白色、燕趙遼陽揚州に種うる所の者は最も肥大にして厚く、一本重さ十余斤の者あり、南方の菘は畦内にて冬を過ごし、北方の者は多く窖内に入る、燕京の圃人又馬糞を以て窖に入れ壅培して風日を見せしめず長じて苗葉を出す皆嫩黄色脆美にして滓無し之を黄芽菜と謂い豪貴以て嘉品と為す、蓋し亦韭黄の法に倣うなり、菘子は蕓薹子の如くにして色は灰黒、八月以後に之を種う、二月に黄花を開き芥花の如く四弁、三月に角を結ぶ亦芥の如し、其菜は葅と作して食うに尤も良けれども、蒸晒するには宜しからず」とある。そして同書の「正誤」欄でも同じく歴代学者の説が出してあって、蘇恭〔牧野いう、唐の蘇恭の『唐本草』〕が曰うには「菘に三種ありて、牛肚菘葉最も大にして厚く味甘く、紫菘は葉薄くして細く味少しく苦く、白菘は蔓菁に似たり、菘菜は北土に生ぜず、人あり子を将て北に種えて初め一年即ち半ば蕪菁と為り、二年菘種都て絶ゆ、蕪菁子を将て南に種うれば亦二年にして都て変ず、土地の宜しき所此の如し」とあり、また蘇頌〔牧野いう、宋の蘇頌の『図経本草』〕が曰うには「菘は南北に皆之ありて蔓菁と相類す、梗長くして葉光らざる者を蕪菁と為し、梗短く葉闊厚にして肥痺の者を菘と為す、旧説に北土に菘無しと、今京洛に菘を種う都て南種に類す、但し肥厚にして差や及ばざるのみ」とあり、また機〔牧野いう、明の汪機の『本草会編』〕の曰うには「蔓菁と菘菜とは恐らく是一種、但し南土に在りて葉高くして大なる者を菘と為し秋冬に之あり、北土に在りて葉短くして小なる者を蔓菁と為し春夏に之あり」とあり、また時珍〔牧野いう、明の李時珍の本書すなわち『本草綱目』〕が曰うには「白菘は即ち白菜なり、牛肚菘は即ち最も肥大なる者なり、紫菘は即ち蘆菔なり、紫花を開く故に紫菘と曰う、蘇恭が謂わく白菘は蔓菁に似たりとする者は誤れり、根葉倶に同じからず、而して白菘は根堅小にして食うべからず、又言わく南北にて種を変ずる者は蓋し蔓菁、紫菘を指して言う、紫菘は根蔓菁に似て葉は同じからず種類も亦別なり、又言わく北土に菘無しとする者唐より以前は或いは然り近くは即ち白菘、紫菘南北通じてあり、惟(ただ)南土は蔓菁を種えざれども之を種うれば亦生じ易きなり、蘇頌は漫りに両可の言を為し汪機は妄りに臆断の弁を起こして倶に謬語に属す今悉く之を正す」とある。

以上は菘の本国である古書に収録せられてある諸家の所説であるが、無論参考せねばならぬものであるからことさらに煩をいとわずここに列記してみた。そしてこれらの時代にはなおいまだ結球白菜の出現はなかったのである。

近代における呉其濬の『植物名実図考』にも菘が図説せられ「菘は別録に上品、相承け以て即ち白菜と為す、北地に産する者は肥大、昔人謂う、北地に菘を種うれば変じて蔓菁と為ると、殊に然らず、嶺表録異を考うるに嶺南に蔓菁を種うれば即ち変じて芥と為ると、今北地に芥を種うるに多く肥大、亦変じて蔓菁と為るに似たり、按ずるに菘菜の種類に蓮花白、箭幹鈴、杵杓白の各種あり、惟黄芽白は即ち肥美にして敵なし、云々」（以上の引用、すべて漢文）と述べてある。

上の菘はトウナ（唐菜の意）で、わが日本へは往時支那より渡したものである。そしてその初渡来の年歴は分からんがたぶん徳川時代になってではなかろうかと思う。今から百七十九年前の明和六年（1769）に発行せられた松岡玄達の『食療正養』に菘すなわち菘菜が出て、「菘俗ニ唐菜ト名ヅク一名畑菜一名隠元菜塩蔵及ビ煮テ之ヲ食ウ味美シ」と書いてある。そして同氏の『怡顔斎菜品』に菘をナの類の総名としてあるのは穏当ではなく、菘は菜の類の総名ではない。

右の菘が昔肥前の長崎へ来て当時同地で多く作られ、それをトウナと呼んだことが今から百四十八年前の寛政十二年（1800）に出版になった広川獬の『長崎見聞録』に見えていて、同書にはその一枚の葉を描き、その図の上部に「唐菜　漢名菘　唐菜は。長崎におふくあり。他国に移種るに。一年は生ずといへども。次年変じて。其物にあらずとなん。……久しきに漬て其味ひ。美なるもの也。種を八月に下すべきなり」と書いてあるが、このトウナの菘がそののち内地諸州に拡まり行いて、いろいろと変わった菜があちこちと地方的にできた。かの岩崎灌園『本草図譜』

（この『図譜』にはインゲンナ、シロナ、ツケナの異名が記してある）ならびに飯沼慾斎の『草木図説』に出ているトウナは、けだし昔の形をおよそそのままに呈わしているものであろうと信ずる。世に知られていたいわゆる三河島菜などはこの菘の一品であり、またヒラクキナ、一名シラクキナもまた同じく菘の一品である。

右『草木図説』のトウナの文章は「タウナ　菘　形状油菜に似て稍大にして色浅く。葉厚くして茹となすに尤柔滑にして味美なり。生殖諸部更に異なくして子微大なり。此種西国には往々之を種れども。吾郷辺〔牧野いう、美濃大垣辺〕に在て偶ま漢種を伝へ栽るも。数年を経れば油菜と分別し難に至る。抑、土地の性に因るか。尾州大高菜（オホタカナ）。吾州のイワタ菜。等も本条に類し。其他その類各地所在これありて煮食醃蔵とするに油菜に勝ると云もの多し。共に他邦に移せば其性を転ずること亦菘に於るが如し」である。

上の三河島菜の名産地なる三河島は東京の北郊地であったが、今日ではその全部が住宅地と化し、名物の三河島菜は今は既に同地に跡を絶って、全然その片影だも見ることができない。しかるに世間の蔬菜栽培書には、右三河島菜が今日なお依然として三河島に作られているように書いてあるのはまったく疎漏で現状に盲目である。

今日東京でトウナと呼んでいるものは、上に書いた昔からのトウナではなく、これは縮緬白（チリメン）菜のことであるから、その真偽を呑みこみ両品を混雑させぬようにせねばならない。そしてこの縮緬白菜の学名は Brassica campestris *L.* subsp. Napus *Hook. fil. et Anders.* var. bullatopetsai *Makino*（= *B.Napus* L. *var. bullatopetsai* Makino）である。

菘を昔タカナ（Brassica juncea *Coss.*）に当てたことが、古く僧昌住の『新撰字鏡』（一千余年前にできた書物）ならびに深江輔仁の『本草和名』に出で、後来向井元升の『庖厨備用和名本草』、小野必大の『本朝食鑑』ならびに水谷豊文の『物品識名』などにも同じく菘をタカナとしてあるが、この『庖厨備用和名本草』、『本朝食鑑』および『物品識名』のタカナは今日のタカナであるから、『本草和名』のタカナも必ずや同様であって、このタカナの名はけだし古来一貫していた通称であると信ずる。すなわちこの菜はよほど古い昔の時代に日本に渡来し、したがってタカナの和名も最も古くその菜に名づけられたものである。これはこの菜が最も丈高く成長するから、それで高菜とそう呼ばれたものであろう。そして昔から永い間わが邦一般に栽培せられてきたことが想像せられる。むろん当時はなお菘は日本に来ていなかった。ゆえに菘をタカナに当ててそう呼ぶのは全然誤りである。

タカナは一名をオオガラシまたはオオバガラシと称え、土佐高岡郡佐川町ではオオナと呼んでいた。漢名は大芥で一名を皺葉芥といい、また芥藍（『本草綱目』芥の条下の李時珍の説、芥心嫩薹謂之芥藍）もけだしあるいはタカナではないかと思う。学名は上に書いたように Brassica juncea *Coss.* である。チリメンナ一名シュンフラン（春不老）と呼ぶものは、その葉の分裂せる一変種で、

B. juncea *Coss.* var. Chirimenna *Makino*（= *B.cernua* Hemsl.*var.Chirimenna* Makino［『増訂草木図説』〈三輯九〇六ページ〉］）の学名を有する。

昔のタカナを半田翠山の『古名録』には今名シロナと書いてあるが、これは昔菘をタカナと称えたので、その菘の一名なる白菜に基づきだれかがかく呼んだ名であろうが、これはよろしくない称えである。小野蘭山の『本草綱目啓蒙』にあるシロナは上に記したようにトウナすなわち菘の一名となっているが、これはよろしい。

タカナ
（Brassica juncea *Coss.*）

しかし既に上に書いたように菘をタカナに当つるのは断じて正当でなく、また断じて誤謬である。そして、菘はすべからくトウナとなすべきものであって、トウナとタカナとは全然別種であるからこれは決して同一視すべきものではなく、漢名の当て方もむろん間違っている。元来タカナ（大芥）はトウナ（菘）

よりはるか昔にわが邦に渡ったものである。そしてトウナ（菘）はずっと後の渡りものである。つまりトウナ（菘）が渡来するまではそのトウナの漢名なる菘の字が、タカナに盗用せられていたのであった。古書を読むものそこへ気を利かさにゃならんが、これは机の上のみで考えていてはできんことだ。古来の学者が実物をわきまえず、単に机上で文字ばかりをひねくりまわして議論するから、いろいろの草木の名がどれほど混乱を招いているのか知れない。実物をよく知っていればこの乱麻を断つことはさほどそう困難であるとは私は思わない。

『古事記』に出ている「アヲナ」を『古名録』に菘となし、白井博士も同氏の『植物渡来考』に同じくそれを菘としているのは、『古事記』に菘菜と書いてあるからであろうが、しかし私はこれはカブ即ち蕪菁であると信ずる。そしてかくこれを菘と書くのはまったく非である。要するにこの『古事記』時代にはなおほんとうの菘（トウナ）はまだ日本には来ていなかったからである。ずっと昔の学者はこのほんとうの菘についてはその認識がすこぶるあいまいであったが、徳川時代にいたって初めてよくその真物が解ってきた。

今日の結球白菜はすなわち菘と同種で、ひっきょう菘を人工で巧みに栽培した改良品にほかならないのであるが、しかしこの品は昔はなくまったく近代のものである。そして白菜は既に書いたようにこれは菘の一名であるが、今の人はふつうにこの白菜の字を使い、その本名なる菘の字を使わない。洋人は右の結球白菜を Chinese cabbage、あるいは Celery cabbage と称えている。この結球白菜の学名をだれが定めたろうか私は知らない。ついては私はこれをBrassica campestris *L.* subsp. Napus（*L.*）*Makino* var. pekinensis（*Lour.*）*Makino* forma capitata *Makino*（At first green-leaved, lastly white and capitate）としてみる。しかし既定の名があればこれはそのsynonym〔編注、同意語〕となる。

（『植物記』より）

わが邦キャベツについての名の変遷

今日わが邦でいわゆるキャベツ即ちCabbage〔ふつうには Brassica oleracea *L.*（この種名 oleracea は「食用蔬菜ノ」という意味）の俗名となっている〕を今、日常実際に椰菜と呼んでいる人はないようだけれど、支那で椰菜（yé tsái）というのはこのCabbageのことである。

元来Cabbageを椰菜というのは、どういうところから起こり来たったかとたずねてみると、これはもと数種のPalmsすなわち椰樹類の汎称であるCabbage-treeすなわちCabbage-palmの挺幹梢頭に芽立って、まだ開舒しない嫩葉があたかもキャベツのように蔬菜になるので、それで、それを俗にCabbageと呼ぶようになったのである。そこで今度はその反対にPalmの訳字なる椰樹類の椰の字をほんとうのCabbageの方へ持ってきて、すなわち椰菜なるその訳名とした理由だ。すなわちこれはとりも直さず、Cabbageの名を先方のPalmにも名乗らせ、その代りにCabbageの方へは椰の字を貰ったようなもので、つまり名のやりとりをした姿となっている。

元来Cabbageとは頭あるいは巨頭をしていることであるが、それが大きな頭状をなせる菜に用いられたもので、その名はタマナ（球菜の意）すなわちBrassica oleracea *L.* var. capitata *L.* を指しているのである。そして支那で出版せられた『華英音韻字典集成』には大頭菜と書いてある。それゆえにこの Cabbage の語を少しも結球しない var. acephala のハボタンなどに単用することはよろしく避くべきものであらねばならない。これによってこれをみれば、元来甘藍は Cabbage そのものではなくて単にその類中での別の一変種に属するものたるにすぎない。

さすがに田中芳男先生ではある。同先生は早くも右の点に着眼し、今から四十五年前の明治三十四年（1901）二月発行『東京学士会院雑誌』第二十三編之二の誌上「近年移植の草木」の題下で

椰菜は英名 Cabbage と云ふ俗間之を呼でキャベツと云ふ椰菜の名は英華字典等漢訳書に出る所なり従来甘藍と訳するものあれども妥当ならざれば余は此名〔牧野いう、椰菜〕を用ふるなり但先哲之を老鎗菜に充つるの説あり此菜〔牧野いう、椰菜〕は安政年間〔牧野いう、田中芳男先生編纂の『新撰日本物産年表』（明治三十四年発行）によれば、今からまさに八十九年前なる安政四年（1857）の欄に「椰菜（キャベツ）海外ヨリ伝ハル」と記してある〕函館開港の後に同地に伝はり栽培して食用に供したるを初とす維新前後種子を伝ふることもあるも内地にて真の食物となすに至れるは開拓使の園内及勧業寮の圃場に植え其種子を世上に頒ちたるより後なれば今より二十年許〔牧野いう、昭和二十一年からだとおよそ六十四年ばかり〕も前のことなるべし而して和名はハボタンとし漢名を甘藍と訳するにより往々カンランの称呼を以て通名となすことあり……

又維新以来欧米より数多の種類を伝へて各種の名称あり従て形色を異にし食用の途も同じからざれども皆食用品にして観賞物にあらず〔牧野いう、キャベツすなわちタマナを初めとして、コモチタマナ（一名コモチハボタン、一名ヒメキャベツ）、カブラハボタン、花椰菜すなわちハナハボタン一名ハナナなどあったであろう〕而して球菜（和名）と称する闊葉緑色球状のものを以て普通品とす、是は茎上葉心に嫩葉互に重り抱きて扁円なる球状をなす其最大なるものの量は壱貫匁余に達す之を調理するには外部の開きたる緑色の葉を除き去り内部の球状黄白色なる部を剉みて煮食するものにして惣菜料理とするに過ぎざれども又小形の者を其儘煮て一個づゝ客饌に供することあり或は塩蔵して食することあり今より十余年前〔牧野いう、今日からでは五十四年前〕は球状に作ることは難事なりしも次第に作り慣れて此の如き球状をなさしむる事は容易のことゝなり従て栽培上の利益あるに至れり

と述べられている。上のようなしだいであるから、かの結球して頭の形をなせるCabbageをばタマナともキャベツとも呼んで、そしてこれをハボタンとかあるいはカンラン（甘藍）とかと言わないようにせねば、その真相を摑んだものとは言えない。そしてタマナすなわちキャベツからよろしく甘藍の名を放逐するのである。

また支那で花椰菜（hwá yé tsái）というのはCauliflowerのことであるが、この花椰菜の字面は今、日本でも不断に用いており、そしてこれをハナヤサイと重箱読み式に呼んでいる。しかしこれは

本来ならカヤサイと言わねばならぬものである。しかるにこれをハナヤサイと呼ぶもんだから、その本字をわきまえん人はさっそく花野菜(ハナヤサイ)と早呑みこみをしているばかりでなく、すでに臆面もなくそのとおり書いて済ましこんでいる書物もある。

上の椰菜の字面もまたこの花椰菜の字面もともに古く、今からまさに百二年前の西暦一八四四年(支那の道光二十四年、わが弘化元年)に支那のマカオ(Macao)で発行したS. Wells Williams 氏のAn English and Chinese Vocabulary すなわち『英華韻府歴階』に出ており、また一八六六年(支那の同治五年、わが慶応二年)に香港(ホンコン)で出版になったW. Lobscheid 氏の、English and Chinese Dictionary、すなわち『英華字典』のPart I. にも同様に出ており、また一八七二年(支那の同治十一年、わが明治五年)に支那の福州(Foochoo)で刊行せられたJustus Doolittle 氏のVocabulary and Hand-Book of the Chinese Language、すなわち『英華萃林韻府』にもそう載っており、また一八七四年(支那の同治十三年、わが明治七年)に支那で鐫(せん)行せられた、上のS. Wells Williams 氏のA Syllabic Dictionary of the Chinese Language、すなわち『漢英韻府』にはSavoy cabbage(縮緬球菜(チリメンタマナ)といい、球菜(タマナ)すなわちキャベツの一品で葉面の皺縮せるもの)に対して椰菜と書いてあり、また一八九二年に英国にて出版せられたHerbert A. Giles 氏のA Chinese-English Dictionary にも右のWilliams 氏のものと同じくSavoy cabbage を椰菜としてあるが、これはけだしWilliams 氏に従ったものであろう。また光緒十年(1884、わが明治十七年)に支那で刊行せられた英国墨黒士氏原著の『英華字典』にはCabbageは椰菜としてあるが、しかしCauliflowerは花椰菜と書いてある。

以上叙し来たったところでみれば、椰菜のいわれもまた花椰菜のいわれも共に判然としたのであろう。

わが邦においては、明治五、六年頃に発行になった『開拓使官園動植物品類簿』に

甘　藍　洋名キャページ

同一種　同　カレフラワ

と出ている。また明治六年六月開拓使にて発行の『西洋蔬菜栽培法』には

キャベージ　甘藍

カーレフラワ　甘藍ノ一種

と書いてあって、右両書では共にキャベージ（Cabbage）を甘藍としてあるが、この時代には、まだタマナ（球菜）の名はできていなかったのである。

次いで明治十九年（1886）に発行になった大日本農会三田育種場の『改訂増補 舶来穀菜要覧』（原本はその前年、すなわち明治十八年発行）には、

甘藍（はぼたん）　一名ぼたんな又椰菜又たまな　Cabbage（キャッページ）

花椰菜（はなはぼたん）　Cauliflower（カウリーフラワァー）

と出ていて、タマナの名が初めて見えている。

田中芳男先生は、前に書いた『東京学士会院雑誌』の「近年移植の草木」において、花椰菜につき次のように書いていられる。

花椰菜はハナハボタン又ハナナと呼び或はハナヤサイと云ふ明治十年頃より伝はり〔牧野いう、もっと早く明治五、六年頃には既に来ていたことが上に記した『開拓使官園動植物品類簿』で分かる〕作れども種子を収め難きを以て上等種は今尚欧米より伝ふと云ふ是は葉を食することなく冬月花蕾を食するものなり茎の矮きものを普通品とす英名 Cauliflower 故にコーリフローと云ふ或は仏国名より転じてシューフロー〔牧野いう、Chou-fleur〕とも云ふ長大なる数葉の中心に乳白色の花蕾集まりて球状をなす神奈川地方に多く作れり又茎の高きものを Broccoli ブロッコリ訳して木立花菜（キダチハナナ）と云ふ〔牧野いう、上の大日本農会三田育種場の『改訂増補 舶来穀菜要覧』には既にキダチハナボタン（新名）の名がある〕茎の高さ二尺余あり茎上に数葉集まりて花蕾の球を抱く東京辺にも作れども安房地方にて多く作る是は前種に比すれば蕾球の形に少差あり此両種共に花蕾の嫩なる球を煮て食するものにして西洋料理に於ては特に之を貴重し十一月より一月の間に多く之を用ふ而して早く市場に出すときは一球の価四五拾銭なるも二月に至れば五分一以下なりと云ふ此外酢漬となし又缶詰として貯ふことあり或は日本料理にも用ふべく品位優美のものなりである。そして右のブロッコリは元来花椰菜の母品に当たるものである。

明治以来今日まで続々と出版せられた諸氏の蔬菜栽培書などには、キャベツ、ハボタンなどについていろいろと書いてあるであろうが、今ここにはそれらの書物を参考にすることをみなネグレクトした。これは何もほかではないがただなんとなく懶いためであった。

次にはCabbageならびにCauliflowerの二つについて、わが邦英和辞書にそれがどう出ているか、すなわちそれへ一瞥をくれてみよう。

まず〔第一〕に、文久二年（1862）江戸で出版せられた『英和対訳袖珍辞書』にあってはCabbageが「菜」、Cauliflowerが「花菜（花バカリ食スル物）」となっている。この書は原語が活字であってそれが和紙の両面へ刷ってある。

次〔第二〕に、慶応二年（1866）江戸で再版した『改正増補 英和対訳袖珍辞書』にあっては、Cabbageが「甘藍（ハボタン）」、Cauliflowerが「花椰菜（ハナハボタン）」となっている。この書はその原語に活字を用いており、それが和紙の両面へ刷ってある。

次〔第三〕に、慶応三年（1867）江戸で再版した『改正増補 英和対訳袖珍辞書』にあっては、前書と同様Cabbageが「甘藍（ハボタン）」、Cauliflowerが「花椰菜（ハナハボタン）」となっている。要するにこの書は前書とまったく同一ではあるが、ただその原語が活字ではなくて木版彫刻となっている差がある。そしてこれにはふつう和紙と薄葉刷りとの両様があり、ふつう和紙の方は厚冊で枕に利用するに便利だから俗に枕辞書（まくらじしょ）といわれた。黒色クロースの表紙が付けてあって、始終使ったのは髪の油のためにそれが黒びかりをしていた。この辞書を使用した明治初期の時代にだれが作ったか知らんが、「マスタなにょすりゃランプの蔭で、ブック枕にクェッション」という歌があったことを覚えている。回想するとわれらが初めて英語を習った時分である。

次〔第四〕に、明治二年（1869）に出版になった『和訳英辞書』にあっては、Cabbageが「菜」、Cauliflowerが「花菜（ハナナ）」となっている。この書は前の『英和対訳袖珍辞書』の第三版に当たるが洋装仕立てになっている。そして明治六年十二月に東京でそれを再版した書肆があった。

次〔第五〕に明治四年（1871）に刊行せられた『大正増補 和訳英辞林』にあっては、Cabbageが「菜（ナ）」、Cauliflowerが「花菜（ハナナ）」となっている。本書は上の『英和対訳袖珍辞書』の第四版に当たるもので洋装本である。そしてこのものと前の第四のものとは共に薩摩辞書と通称して当時の英学者間に尊重せられていたものである。

次〔第六〕に、明治五年（1872）に『英和対訳辞書』が開拓使で発行せられた。この書ではCabbageが「菜（ナ）」となりCauliflowerが「花菜（ハナナ）」となっている。本書は和紙厚冊の横本である。

次〔第七〕に、明治五年（1872）知新館発行の『英和字典』では、Cabbageを「甘藍（ハボタン）」、「椰菜」、「春風蘭」となし、Cauliflowerを「花椰菜（ハナハボタン）」としてある。そして右の「春風蘭」はけだしロブスチード氏の『英華字典』から抄出したものであろうと思うが、しかし同字典ではこの「春風蘭」

はCabbage条下のWhite-heart Cabbage、すなわち牛肚白菜の異名となっている。これによってこれを見ればこの「春風蘭」を直ちにCabbageの名とするのはよろしくなく、ひっきょうこれは菘（白菜）の一品の名であろう。

次〔第八〕に、明治六年（1873）日就社発行、柴田昌吉、子安峻両氏の『附音挿図 英和字彙』にあってはCabbageが「甘藍（ハボタン）」、Cauliflowerが「花椰菜（ハナハボタン）」となっている。

次〔第九〕に、明治七年（1874）加賀の金沢で出版した『広益英倭字典』にあっては、Cabbageを「菜（ナ）」、Cauliflowerを「花菜（ハナナ）」としている。これは上の第五の『大正増補 和訳英辞林』に準拠したものである。

次〔第十〕に、慶応三年（1867）に発刊せられたヘボン（J. G. Hepburn）の『和英語林集成』にあっては、Cabbageもなければまた Cauliflowerも見当たらない。

次〔第十一〕に、明治五年（1872）に刊行せられた右の同書第二版にあっては、CabbageをBotan na, ha-botanと書いている。すなわちかくボタンナともハボタンともしてあるが、ただし書中にCauliflowerは載っていない。

次〔第十二〕に、明治十九年（1886）に発行せられた右同書の第三版『改正増補 和英英和語林集成』にあっては、Cabbageをその第二版の書におけるがごとくBotan na, ha-botanとなし、英語を列した英和の部には同じくCauliflowerはないが、しかし和英部のBotanna（ボタンナ）のところにはCabbage; Cauliflower と書き、Habotan（ハボタン）をば甘藍となしCabbage と書いてある。

まず以上にて古く出版せられた英和辞書でのCabbage、ならびにCauliflower の訳語の変遷を叙し来たったので、こんどは近代の主なる英語辞書について少しく記してみよう。そして仏和、独和の辞書のものは今しばらくここには省略しておくが、そのうちにはいつかまた書いてみることもあろう。

〔一〕　明治四十二年（1909）共益商社発行、島田豊氏の『双解 英和大辞典』では

Cabbage　甘藍（ハボタン）

Cauliflower　花椰菜（ハナハボタン）

〔二〕　大正四年（1915）至誠堂発行、井上十吉氏の『井上 英和大辞典』では

Cabbage　蕓薹（アブラナ）、なたねな、菘（トウナ）、春菜（シラキクナ）、甘藍（タマナ）、キャベツ、あをな

Cauliflower　花甘藍（ハナハボタン）、花菜（ハナナ）

右のように蕓薹、なたねな、菘、春菜、ならびにあをな、をCabbage の訳語とするのは非で、これはタマナ一つでよろしい。しかしこれを甘藍とするのは良くない。

〔三〕　大正八年（1919）三省堂発行、神田乃武氏等の『模範 新英和大辞典』では

Cabbage　ハボタン、キャベツ、甘藍（カンラン）、椰菜（ヤサイ）

Cauliflower　ハナハボタン、花甘藍、花椰菜

〔四〕　大正十年（1921）大倉書店発行、藤田勝二氏の『大英和辞典』では

Cabbage　キャベツ、ハボタン、甘藍、玉菜（タマナ）

Cauliflower　ハナハボタン、花甘藍

〔五〕　昭和三年（1928）三省堂発行の『三省堂英和大辞典』では

Cabbage　ハボタン、、きゃべつ、タマナ、甘藍、番芥藍

Cauliflower　花椰菜

〔六〕　昭和六年（1931）冨山房発行、市河三喜氏等の『大英和辞典』では

Cabbage　キャベツ、甘藍（ハボタン）

Cauliflower　花椰菜（ハナヤサイ）、花キャベツ、花甘藍（ハナハボタン）

〔七〕　昭和十一年（1936）研究社発行の『新英和大辞典』では

Cabbage　キャベツ、はぼたん、甘藍（カンラン）、玉菜（タマナ）

Cauliflower　コリフラワー、花野菜

右の花野菜はけだし花椰菜たるべきものを勘違いして倉卒にそう書いたものであろうが、オカシナ書き方だ。

以上、〔一〕から〔七〕において近代の主なる英和辞典にある Cabbage と Cauliflower とが、どんなふうに取り扱われているのかを明らかにした。しかし今日では右のようにいろいろな名を

並べる必要はまったくなく、これはCabbageがタマナ、キャベツでよろしく、Cauliflowerがハナヤサイでよろしい。

明治二十五年（1892）発行、松村任三博士の『本草辞典』ではCabbageをハボタン、甘藍となしCauliflowerをハナボタンとしている。そしてこのハナボタンの名は松村博士がそう名づけたものであろう。しかし葉が牡丹花の状をなしているから葉牡丹の名は聞こえるが、ハナボタンの名は少々おかしい。これはハナハボタンとしたらその意義が明瞭であったろうに。

明治十九年（1886）発行の『改訂増補舶来穀菜要覧』では、Cabbageを甘藍（はぼたん）、ぼたんな、椰菜、たまな、となし、Cauliflowerを花椰菜（はなはぼたん）となしてある。しかるにこの花椰菜という名は、既に前に書いたように、早くも慶応二年出版せられた『改正増補英和対訳袖珍辞書』にそう出ている。

以上にてCabbage（キャベージ）すなわち俗にいうキャベツにつき、わが邦での名の変遷を叙し来たったが、ついでに花椰菜についても巻添え的にいささか記してみた。従来から強いてキャベツに間違えられ、今日でもその病痕のなお癒えざる甘藍につきてはさらに題を改めて別に述べることにした。

（昭和二十二年『牧野植物随筆』より）

馬鈴薯の名称を放逐すべし

人を馬だと言ったらどうだろう。犬を猫だと言ったらどうだろう。だれでもこれを聞けばそんな馬鹿なことは狂人でも言いはしないとかつ叱りかつ笑うであろう。しかし世間ではこれに類したことが公然行なわれているのは、確かに日本文化の低いことを証明していることだと痛感する。いわんや上は政府の官吏から、次は学者、次は教育者、次は世間の有識者、かつ尋常の人々までがこの犯罪者の中に入るのだと聞けば、じつに唖然として開いた口がふさがらず、まことに情なく感ずる。すなわち馬鈴薯を捉まえてこれをジャガイモだとする問題はまさにこれであって、ジャガイモは断じて馬鈴薯ではないのだから、馬だの猫だのと言われるのが嫌なら速やかに昨非を改悛して馬鈴薯の名を追放し、もって身辺のけがれを浄むべきだ。そして無知のそしりから脱出すべきだ。そうすればすなわち文化人として及第だよ。

わが日本では今日はだれでも馬鈴薯をジャガイモ（ジャガタライモのことで学名を Solanum tuberosum *L.* という）と称して疑わず、つねにこの漢名を用いて平気でいるのだが、これはトンデモナイ誤りでその事実を知っている人から見ると、一方の堂々たる博士様の学者より一方の下女君下男君にいたるまでまるでなんとなく間抜けのように見えてしかたがない。今日はジャガイモが人間にとって最も重要な地位を占めるようになり、その名もひんぴん口にせられるから、したがってそれを最も正しく呼ぶことにしておかねばならんのじゃないか。

いったいジャガイモすなわちジャガタライモを馬鈴薯だとだれが言い始めて罪作りをし、この病をしてついに膏肓にまで入らしめたかと詮議してみると、それは例の有名な本草学者の小野蘭山であった。こんな有名な人の説なもんだから一も二もなく世人が参ってしまい、それが連綿として今日まで伝わり来たり、世間だれひとりとしてその非を鳴らす者なく、この蘭山の一声にみなが慴伏しそれに盲従しているのである。その中には農学博士なんどいうお歴々もまじっていて、口に筆にひんぴんとしてこの馬鈴薯の語を連発し、飽きることのない滑稽を演じつつある。

天下一人の義士なきかとはこの馬鈴薯に対しても言える歎声である。そのとおりいくら待ってもいっこうに義士が出てこずなんとももって致し方がないのだから、奮って我輩がこの義士の代理を務め代弁者となってみる意地を出すことになった。

小野蘭山が八十歳の高齢に達したときに著わした書物に、『耋筵小牘（てつえんしょうとく）』と題する一冊があって、それが今をへだたるまさに百三十八年前の文化五年（1808）に発行されたが、この書にはじめて馬鈴薯がジャガタライモだとして顔を出している。それはむろん蘭山の独見でこれより先にはいっこうだれもそんな説を建てた人はまったくいなかった。そして蘭山がかく書いたのはこのジャガタライモがわが邦に入ってから後二百十年も経過したときであった。

しかればすなわち、蘭山にはどんな根拠があってそれをそう断言したのかというと、蘭山の主張するところでは支那での書物の『松渓県志』〔牧野いう、この松渓県は福建省の北方にある一地域〕に出ている馬鈴薯とその解説とがそれだという。しかればその書の記事はどうかと検討してみると

馬鈴薯ハ葉ハ樹ニ依リテ生ズ、之ヲ掘リ取レバ形ニ小大アリテホボ鈴子ノ如シ、色黒クシテ円ク、味ハ苦甘ナリ〔もと漢文〕

で、たったこれんばかりの文章である。

この文まず第一に「葉ハ樹ニ依リ」とあるからそれが蔓草であることが推想せられるが、そこにその葉のようすが現わしてないからそれがどんな形状のものか、また単葉のものだか複葉のものだか、また鋸歯があるのかないのか、また互生か対生かいっこうに分からず、したがってこれをジャガタライモだととりきめる証拠がなく、またジャガタライモの葉は決して樹木にはよりかかってはいないからこの点も合致していない。また花が書いていないからその状態もまったく不明、またジャガタライモの薯(いも)には種々の異品はあれども、その色の黒いのは私の知っている限りにはこれなく、またその味も苦甘くはない。こんなにその馬鈴薯が実際ジャガタライモと違っているのにかかわらず、それをどうしてそうだと断定したのか。今日のわれわれのもっている植物

判定力からこれをみれば、じつにその鑑定の粗漫であり浅膚であることを痛感せざるを得ない。おもうにこれは一つにはこの時代の風潮として、明け暮れ草木の漢名が欲しい欲しいと憂き身をやつして思い詰め、また漢名を知ることがこの時分学問の主なる目的でも誇りでもあった結果、はしなくも尾花が幽霊と見えたのであろう。

右の馬鈴薯の名は『松渓県志』以外、植物に関せる支那の文献にはなんにも出ていない。ゆえに『本草綱目』を始めとして『広羣芳譜』などにもいっこうその名が見えなく、また『植物名実図考』かつは『福建物産志』などにも載っていない。要するに支那人にもあえて認識せられていない一地方の不明な植物たるにすぎないものである。そしてその名称をほじくり出したのが蘭山であった。

私の愚考するところでは、右馬鈴薯はあるいはついするとマメ科のホドイモすなわち Apios Fortunei *Maxim.* ではあるまいかと想像せられんでもない。ホドイモなれば支那にも産して土圞児、一名地栗子、または九子羊の名を有する蔓生植物であるから、まんざらでもないように感ずる。

日本人は、頭でジャガイモと思うや否やすぐ馬鈴薯の語が口からほとばしり出ずることほどさように、これがきわめてふつうな通称のようになっているが、それなら支那の本国ではどんなようすであるのかというと、それは馬鈴薯なる名の本国でありながら、従来だれもジャガイモを馬鈴薯と呼んでいる者は絶えてなかった。しかるに同国では、近年にいたって日本からジャガイモとして輸入した馬鈴薯の語を、日本人のひそみに倣いて使用し書物にも書いたりしているのは滑稽だ。

支那人はジャガイモをなんと呼んでいるのかというと、それを洋芋と称えているがまことに適称である。そしてまたそれを陽芋とも書いている。またさらに荷蘭薯の名もあればまた山薬蛋の名もある。満州ではそこな土人がこれを土豆児とも喜旧花とも言っているとのことである。

さて支那においてジャガイモを最もつまびらかに図説してあるものは、今から九十八年前の清の道光二十八年、すなわちわが嘉永元年（1848）に発行になった呉其濬の著『植物名実図考』である。今同書巻の六にあるその文章を左に抄出してみよう。

陽芋〔牧野いう、洋芋〕は黔滇に之あり。緑茎青葉、葉は大小疎密長円、形状一ならず。根に白鬚多く、下に円実〔牧野いう、塊茎〕を結ぶ、その茎を圧すれば、則ち根実繁きこと番薯〔牧野いう、サツマイモ〕の如し。茎長ずれば則ち柔弱にして蔓の如し。蓋し則ち黄独なり。療饑救荒、貧民の儲なり。秋時根肥えて連綴す。味は芋に似て甘く、薯に似て淡し、羹臛煨灼、宜しからざるはなし、葉味は豌豆苗の如し、酒を按し食を侑る、清滑雋永なり。花を開く、紫筩五角。間るに青紋を以てし、中に紅的緑の一縷を擎ぐ。亦復楚楚たり。山西には之を種えて田を為す。俗に山薬蛋と呼ぶ。尤も碩大にして、花色白し。聞く終南山の岷、種植尤も繁く、富者は歳ごとに数百石を収むと云うであって、そしてそこに掲ぐるその図はたまたまその幼本を描いたものであるから、下に一顆の旧薯がついているばかりでなおいまだそこには新旧が生じていない。

右の『植物名実図考』より以前の支那の文献にはこの陽芋（洋芋）が載せてないようだから、この品の出ているのはこの『植物名実図考』の書をもって初めとせねばなるまい。すなわち清の時代にいたってはじめて書物に書き著わされたわけだ。このジャガイモすなわちジャガタライモは元来支那の原産植物ではなく、むろん明らかに外国から入ったものだが、それをわが日本へ入った時代を参考として考えると、たぶん明の末清朝の少し前ぐらいにはじめて同国に入ったものではなかろうかと思う。元来外国から来た者であるからそれで洋芋（陽芋は洋芋の字音からかく書いて通用させたものであろう）、荷蘭薯などの名があるわけで、すなわちこれらの名称から推想してみても、明らかにこのジャガタライモが新時代に支那へ入ったもので、決して古昔から同国にあったものでないことが容易に分かる。したがって、『松渓県志』にそのジャガタライモが馬鈴薯として儼然と出ているわけがない。同志に出ている馬鈴薯は支那の本来の土産植物であるゆえ、その名を新舶来のジャガタライモに適用する不適当な事実は少しく考えればすぐ気がつかねばならんじゃないか。

今日もしも支那人がジャガイモすなわちジャガタライモに対して馬鈴薯の語を口にするようなことがあるとしたら、それは前にも書いたとおり、ジャガタライモが馬鈴薯であると誤認せられおるその説が日本から支那へ輸入せられたもので、これはとりも直さず支那人が日本人の誤称を鵜呑みにして受け継いだ結果である。ゆえにこのような場合はたとえその馬鈴薯の名を言うのが支那人だからとて、決して信を措くには足らぬものである。支那人が右のような誤りをあえてしている同国の書物に、中華民国七年発行の『植物学大辞典』があり、また同十年発行の『博物詞典』もあるから、同国近時出版の書物、ことに教科書などにはそれがわが日本と同じくひんぴんとしてこの誤謬をあえてしていることであろう。私は支那の学者または学徒諸君に警告したい。それは日本で用いている植物の貴国名には非常に多量な鑑定違いの事実が存在しているから、たとえ日本人がそう定めているとしても、それは決してアテにはならぬことを充分に承知しおかれんことである。ゆえに単に参考としてなればとにかくだが、いやしくも貴国の植物に貴国の名称を当てはめる仕事はなにとぞ貴国本意で数多の貴国の群籍を基礎とし参考として、それに貴国の植物について洋人の研究した文献をも参酌（さんしゃく）し、一方には実地について親しく実物を観察し、その名称を正しく用いられんことを貴国のために切望する。もし貴国がその途に出ずればひいて日本は貴国から大いに教えらるるのであろう。わが日本で古くから用いている貴国植物の名称、すなわち日本人がいう漢名は、前述のとおりその適用がひんぴんとして誤られ肯綮（こうけい）を得ずして誤用せられているものが数限りもなく多いから、諸君はその辺の消息を充分に承知しおかれんことを申し上げおくしだいである。要するに日本人の用いている漢名には、実物に当ててある上にたいへんな危険性を伴うていることが事実である。つまりその当て方が疎漏であり杜撰(ずさん)であって、名実相伴わないものが多いのである。

ジャガタライモは従来からふつうな名であるが、しかし本品はもとよりジャガタラ、すなわちJacatra〔これはジャバ、すなわち爪哇島の首都バタビアの旧名であるといわれる。爪哇は今日は爪哇（爪は支那音でchaoである。瓜哇と書くのは非で瓜は支那音kuaである）の文字で通っているが、旧時は噶羅巴とも噶剌巴とも咬𠺕巴（これらの旧島名はKalapaすなわち椰子樹Cocos nucifera *L.*の土言から来たものである）とも呀瓦とも書かれた〕の産ではなくまた同地に栽培（熱帯地では栽培不能）しあったものでもない。そしてその原産地は南アメリカのチリ、ペルーから北してついに北アメリカのメキシコへかけての区域であって、これらの地方にはこのジャガタライモが野生しているといわれる。

欧洲へは今から三百八十一年前の西暦一五六五年、すなわちわが永禄八年に初めて南米から入ったもので、それはイスパニア（西班牙）人がエクアドル国のキートウから持ってきたものであった。今日欧米諸国ではこのジャガイモ、すなわちジャガタライモがちょうどわが邦での主要食糧米麦におけると同じく、きわめて重要な日常の食料品となってその貴い役目を果たしているが、わが邦では主食物は米麦であるので毎日ジャガイモを食っている人はまだあまりないようだ。

右のジャガタライモ、すなわちPotatoが今から三百七十年前の天正四年（1576）に、オランダ・アムステルダムを解纜(かいらん)し遠くアフリカの南端喜望峰を廻り爪哇等を経て肥前の長崎に来航した商船のオランダ人によってはじめてわが日本に渡されたのである。当時はちょうど織田信長の時代であった。そうすると前にも記した欧洲へこれが入った年をへだたることわずかに十一年であるから、それが存外早く日本へ来たことになる。それはこのジャガタライモが欧洲に入るや否や、早い速力でたちまち日常の食品化した一証を物語るもので、これなくてはならなく、かつ容易に貯蔵に堪え得る常食品を、オランダの船員が毎日船中で食いつつそれそはしなくも東洋へ伝えたものであろう。すなわちその食い残っていた余り物の一部を日本人にくれたのであろう。なにもお土産（みやげ）の贈り物としてわざわざ遠く持ってきたのでは無論あるまいと私は想像する。船が長崎港へ入津すると、なにか珍しいものを持ってきておりはせんかと鵜の眼で見まわる長崎人が、たまたま船内でこの薯を見付けて貰ったのであろうことが、常識で判断するとそのときの実況であったじゃなかったろうかと思われる。

前に書いたようにこのジャガタライモはなにもジャバとは縁故はない。ただジャバのバタビアのヤカトラすなわちジャガタラに船繋りした欧洲通いの船が持ってきたというだけの事実であるから、じつはこのジャガタライモの名も決してよくはないのだ。が、いまさらこの普及せる名を改めるのは能事でもあるまいから、まずまずこれで通しておくよりほかに致し方がないであろう。

ジャガタライモがわが邦へ入ったとき、さほど日本人はこれを歓迎しなかったと想像する。なんとなればそれは食い馴れた米麦などもあるし甘いサツマイモもあったので、こんなマズイ味のものを人々が渇仰して迎えなかったのはむしろ当然であったからである。けれどもときには飢饉のときにも役立つと重要視し、かつ作るにも容易で収穫も相当あるので、その後有志家は大いにそれを作るべきことを世人に慫慂し書物を書いたこともあったのである。すなわち今から百十年前の天保七年（1836）に出版せられた、かの高野長英の『二物考』の書などがその一例である。この書はその後明治十六年四月に群馬県勧業課で翻刻出版せられた。

このジャガタライモは瘠地でさえもよく育ちて相当収穫があるから、甲州だの信州だのの山国では早くからこれを栽えて山民の副食物としていた。四国の伊予の山中または土佐の山中の寒村でもかなり古くからこれを作っていた。私は今から六十六年前の明治十三年（1880）七月に、同郷（土佐高岡郡佐川町）の先輩黒岩恆君とともにただ二人のみで伊予の石鎚山へ登ったが、そのとき土佐吾川郡椿山村から山中に分け入り、ついに石鎚山の頂上に達し、それより下りてその夜同山の北麓に近い山面の黒川村で宿泊した。そのときその宿で飯の菜に皮のまま煮た一種の薯を出してくれた。ちょうど松露の姿で、形は小さく皮は濁った黄白色であった。私は初めてこれを見これを味わったので珍しく感じ、宿の人に聴いたらコウボウイモと教えてくれた。これは弘法薯の意である。翌日の帰途は再び前路に戻ったが、椿山の上およそ一里ばかりのところで日が暮れ、雨に濡れた体を人なき山中の接待小屋（石鎚参詣の人々を接待する仮小屋）の腰掛けに横たえ、震雷掣電の一夜をここで明かした。椿山村近くの山径路傍に右のコウボウイモが栽えてあったので、空腹のあまりその薯を掘って生で噛んでみたら、口を刺戟して食えなかったことを覚えているが、今日右同行者の黒岩君はすでに故人となって、当時を語り合う対手の友人は幽明を異にしてしまった。

右石鎚山下あたりの伊予の山村では、今日でもなお上述昔のコウボウイモを作っている。薯は小形で皮は淡黄白色である。私は十五年前の昭和六年（1931）の夏その地を踏んで、親しくそれを見受けたので非常に嬉しかった。かく古く渡ったこの歴史的の品をなんとかして絶えないようにこれを作り継ぐことを、郷土を愛する愛媛県人士にお願いしたい。

今日は改良せられた種々の良種の薯が外国から移入せられて広くわが邦に作られていて、その産額もまた多くなっている。薯の皮色も白もあれば淡紅もある。肉は白いのがふつうだがまた淡黄色のものもある。また形もすこぶる大きい。今日は食料難のためにこれらのジャガイモは最も大切な食品源となりて人間を救い、サツマイモすなわち甘藷とともに両横綱の観を呈するにいたった。古渡りのものにときに美麗な紫色薯の一種があって通常山地に栽培せられている。すなわち秋イモ、一名紫イモというのはこれだろう。これは花も紫色で花後には結実し、熟すれば軟らかくなりて藍色を呈する。先年私はこれを上州利根郡片品村戸倉付近の山畑で見かけ、またわが圃でも作ってみたが、たぶん信州などの山村にも見ることができはしないか。

現時広く栽培せられているジャガイモには淡紫花の品と白花の品とがあるが、ともにふつうには実を結ばない。花はいずれも雄蕋も雌蕋もともに備わっていてこの始末だ。山地方面に作られてあるものにはときに実の生るのがあること前に書いたとおりで、古く入った品種にはそれが見られるようだ。そして実はいわゆる漿果で、初めは緑色であるが前に書いたようにそれが熟すると軟質となって藍色を呈する。

ジャガタライモの名は長くて呼ぶにめんどうなので、近頃はこれを略してジャガイモと呼んでいる。また書物には前にジャワイモあるいは爪哇薯としたものもある。このジャガイモには従来から諸国によって種々な方言があり、またそれが現在用いられているものといないものとがある。今次に私の親しく集めたのみの名を限って列挙してみる。しかしなおこの他に多くの方言のあることを私は知っているけれどその分はここに略した。それらは橘正一君の著『全国植物方言集』を見ればよろしい。

ジャガタライモ　南京(ナンキン)イモ〔天正四年（織田信長時代）肥前長崎に来たり南京芋(ナンキンイモ)といった。すなわちこの薯へ対していちばん最初の名である〕　甲州(コウシュウ)イモ　秩父(チチブ)イモ　アップラ〔蘭名 Aardappel の略言。aard は地、appel はアップル、すなわち西洋リンゴ。地に生ずる西洋リンゴの意〕　清太夫(セイダユウ)イモ〔武州秩父の代官中井清太夫の尽力で飢饉用に栽えさす〕　八升(ハッショウ)イモ〔今年一つの芋を種えると来年は八升に殖えるという〕　カツネンイモ　寿命(ジュミョウ)イモ　五斗(ゴト)イモ　松露(ショウロ)イモ　キンカイモ〔長州では禿げ頭をキンカアタマといい、形似たるゆえいう〕　秋(アキ)イモ、一名紫(ムラサキ)イモ、晩種である。アルボース（early rose の転訛） カンプラ カンプラ カンプライモ 三度イモ 夏イモ 二度イモ 五升イモ 六升イモ 八斗イモ 赤イモ 伊豆イモ オランダイモ 御助ケイモ カピタイモ、甲比丹イモ？ 弘法イモ アフラ（アップラの略にてアップルすなわちアッペルの訛り） キンダマイモ、睾丸イモを濁りしもの ゴーシューイモ（甲州イモの訛ならん。濠洲イモではないであろう） ゴロザイモ ザライモ 信州イモ 上州イモ ジャンガライモ（ジャガタライモの訛） ジャワイモ、爪哇薯 朝鮮イモ ジャガタラ ジャガタレ ジャガタロ ジャカタロ ジャガ ジャイモ（ジャガタライモの略言） 鼎蔵イモ（『二物考』著者高野長英咬吧芋を上州伊勢町の柳田鼎蔵に受く） 蝦夷イモ ゴショイモ（五升イモの縮まりしもの？） カブタイモ（甲比丹イモの訛？） セイダイイモ（清太夫イモの訛？） アライモ ヌンドーイモ サトイモ、里イモ？ 仙台イモ 白イモ セーダイモ、清太夫イモの訛？ ドロカワイモ（和州吉野洞川にて作るよりいう） 三徳（智、仁、勇を三徳というからすなわちこの薯を賞讃した名） 三徳イモ アホイモ 大師イモ（弘法大師イモの略） 以上

今日市中の乾物店などで売っている片栗粉は、名は片栗粉でも、じつはユリ科の真正なカタクリ（Erythronium japonicum *Decne.*）で製したものではなく、みなジャガイモの薯から採った澱粉である。カタクリから製した真正のカタクリ粉はふつうには市中で求め得られないが、しかし秋田県のような本場地へ行けば必ずしもこれが絶対にないわけでもない。私は先年同県の増田町で精

製したものを土地の人から得たことがあったが、その色は雪白でその品質はじつに佳良で、とてもジャガイモ澱粉のおよぶところではない。わが邦東北地方にはこの原料植物のカタクリが非常にたくさんに生じているのだから、大いにこれを製出してもいいわけであり、あるいは農家の副業とすれば、今日のような食料に苦心する時世には、まことにそのところを得たことになると思われる。私の知人の川崎正君は今兵庫県灘中学校の教員だが元来は陸奥八ノ戸の人である。同地方にもたくさんなカタクリがあるので、同君一工夫し、澱粉を含めるその地下茎を梅酢漬にしていたが、ちょっと珍しいオツな食品と思われた。四国土佐の山村では同じくユリ科であるウバユリ（Cardiocrinum cordatum *Makino*）の地下鱗状の肉葉から、ときに澱粉を製してこれをカタクリ粉と唱えていることがあるが、これまたその質はすこぶる上品で色も純白である。しかしその原料の関係で製出分量が少ないため、ただ山民が自家用にしているのみにすぎないのである。

ジャガイモの薯（いも）は植物学上ではこれを塊茎（Tuber）と称える。すなわち地中の枝の先に膨らみができ養分を貯えたもので、やはり枝の一部である。それはちょうど地中枝の先が膨らんでかのチョロギ、キクイモあるいは蓮根ができるのと同じ理窟であることは、国民学校、中学校などの学生はみなこれを読本や教科書で学んでよく知っているのであろう。薯の表面に芽が散在しているので、この薯を地に種うればただちにその芽が萌出し地上に出でて漸次に伸び、緑茎となり、大小不ぞろいの小葉ある羽状葉をこれに互生するにいたるのである。薯の芽を一つずつ残してこの薯をいくつかに切り、その一個一個を種えてもただちにその芽が吹いてよく生長し、さらに地下に新薯がいくつもできるので、増殖にはじつにもってこいの植物である。ゆえにジャガイモは食料植物としての至宝で、長く貯蔵にも耐えじつにこの薯は重大な役目を務めている。

右のようにジャガイモの薯は元来が茎であれど、甘藷すなわちサツマイモ、一名カライモの薯は純然たる根である。その形貌その用途は両者よく似てはいても、一方は茎、一方は根の相違がある。前にも書いた様に、ジャガイモの方には薯の面に明らかに規則正しく排列せられた芽があれど、サツマイモにはそれがない。しかしこれを地に種うれば幸いにも薯の面から不定芽が萌出して生長する。農家ではこれを旧薯から離し採り、さらに地に種えて繁茂せしめ新薯を付かすのである。

ジャガイモはナス（茄子）と同属でともにSolanum属に属する。このジャガイモとナスとはあのように異なった姿はしていても、これを植物学上から考察すると、その形態の主要な標徴が一致する黙契がある。それで植物学者はこれを同属に収むるにいたったのである。

（『牧野植物随筆』より）

蔓なしサツマイモ

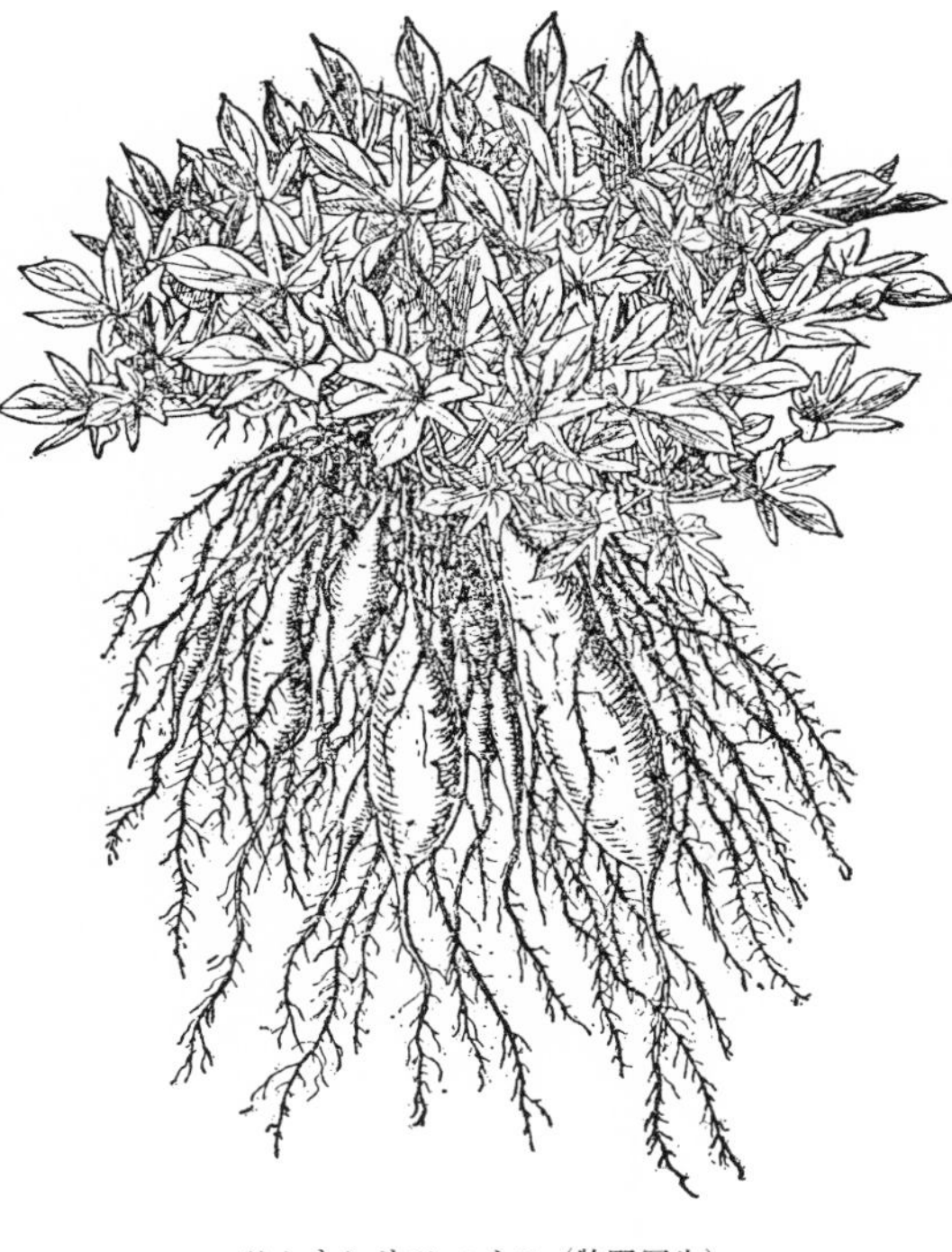

ツルナシサツマイモ（牧野写生）

甘藷すなわちサツマイモは、だれでも知っているようにその茎は長い蔓をなして地面を這っているが、ここにそのように茎が蔓にならずに叢生している種類がある。今私はこれをツルナシアメリカイモと名づけた。

このツルナシアメリカイモはアメリカイモ（今日ではこのアメリカイモを通じてサツマイモと呼んでいるから、

右の蔓なし品もそれをツルナシサツマイモあるいはツルナシイモといってもよかろう。かえってその方が早分かりしてよいかも知れない）、すなわちIpomoea Batatas *Lam.* から自然に変わってできるもので、千葉県下では既にその証拠がある。しかしそれはいまだかつてサツマイモのIpomoea Batatas *Lam.* var. edulis *Makino* = Convolvulus edulis *Thunb.* には蔓なしはできていない。

ツルナシアメリカイモを最も早くわが日本へ移入した人は、新宿植物御苑の主任福羽逸人氏であったが、しかしそれは古いことであったからその株はとっくに失われて、無論今は同苑にもまたその他にも存していない。今ここに福羽氏の著『果樹蔬菜高等栽培論』（明治四十一年刊）からその移入の歴史を抄出してみれば、次のとおりである。

従来世上に伝播せる甘藷の早生種なれば之を促成栽培用となすこと絶対に不可能に非ざるべしとは思惟すれども予は未だ実際に之を試みたることあらず故に今其成否を断言する能はず一九〇四年〔牧野いう、明治三十七年〕米国聖路易万国大博覧会の要務を帯びて渡米の際米国の南部に於てVineless（ヴァインレス） Sweet（スウイート） Potatos（ポテトー）……　則ち無蔓甘藷なる一種を栽培する者あるを発見し翌年〔牧野いう、明治三十八年〕其種根を輸入して栽培したりしに極めて豊産且つ品質殊に佳良なりき蓋し其葉状は第六十二図に示すが如き形状にして有望の一種なるが故に其翌年を以て之を露地に栽培すると同時に其促成栽培をも亦試験したりしが意外の好結果を呈して四月下旬より五月上旬に於て其成根を採収し且つ早生品として最も佳味を存する甘藷を得たり爾来毎年本種の促成栽培を行ひ甘藷嗜好者の歓迎を受けつゝあり故に甘藷の促成栽培を為さんと欲するものは米国種の無蔓種を採用すべし必ず好結果を得ることは予の保証する所なり云々

ここに出せる無蔓種の甘藷図は、私が新宿御苑に兼務の当時福羽氏の求めに応じて写生したものだが、この書に写し出して版画となっているものはもとの私の原図と比べてあまり良きでき栄えではなく、ずっと劣っており図も小さくなっているので、今これをその原図と代えてここに出した。

このツルナシアメリカイモについては別になんの学名もないようだから、私はこれを Ipomoea Batatas *Lam.* var. caespitosa *Makino*（Stems short, densely growing in tufts, not trailing.）と命名した。

（『牧野植物随筆』より）

農家の懐ぐあいで甘藷が変わった

だれでもよく知っているさつまいも（甘藷）に、だれでもあまり気の付かぬ事がらが一つある。すなわちそのあまりに知られていない事がらとは、その種類の上についてみても、また実際の上についてみてもかなり重要なことでありながら、従来甘藷を書いたいろいろの書物にそれがそう徹底して明らかに書いていないのはどうしたものか。

日本に作られているさつまいもは、およそ明治三十五年頃を界として一大変動が起こっている。つまりその年の前後のさつまいもの品種の大転換が行われたのである。かくこの重大な異変がこの薯の上に起こっているにもかかわらず、それをそうはっきりと説破してある文章に出会わないのは不思議である。ゆえに世人はいたずらにこの事実を看過し、いっこうに気が付いていないようである。

元来品種の転換が行われたとはどうした事がらか、すなわちそれは、それまであまねく作られてあった品種が急に他の品種と置き換えられたことで、つまり新品が旧品を駆逐してその分野を占領したのである。

これを理解するにはちょっと予備知識が要る。すなわちそれは日本に作られてある甘藷に二つの大区別があることをまずあらかじめ知っておかねばならぬ。その二つとは何か、すなわちその一つはエズリス（Edulis）品種で、他の一つはバタタス（Batatas）品種である。元来この二つは一つの種すなわちスペシース（species）の中のものではあれど、わが日本の甘藷を考察するうえでは、実際この二つの品種に重点を置かねばならぬ必要がある。すなわちそれが実地に即した見方の基礎である。日本へ渡来した後今日までの甘藷を考えるには、ぜひともその点から出発しないと正鵠を得た説が得られない。

上に述べたようにその二つの品種の転換は、元来何に原因して起こったかと言うと、それは疑いもなく農家の経済状態がついにこの薯に影響した結果にほかならないのである。すなわち物価が騰貴し生活が困難になってきたからである。そしてこの事態がついに甘藷の品種を左右した問題をわれらに投げつけたのだ。

前文に明治三十五年を界として品種の転換が行なわれたと言った。すなわちこの時分から前のものがかのエズリス品種で、後のものがバタタス品種である。この前の薯のエズリス品種は味がうまいが、後のバタタス品種は味がまずい。このまずい薯が進出して普遍し、このうまい薯が影を潜めて寥々たる有様となったのは、確かに一つの変相をわれらの前に提供したといえる。

元来さつまいもは主として農民の常食品で、彼らの生命をつなぐ必需な材料である。物価が高くなり、農家の経済状態がむつかしくなってきた結果、彼らの要求するものはなるべく手数がかからずに多量の収穫があって、かつ久しく貯蔵のできる品である。この必至の状態から、あまり味の善し悪しなどの贅沢は言っておられなくなり、味は少々まずくとも収穫さえ多く、また久しく貯蔵さえできればやむを得ず、それで満足せねばならぬことに立ちいたった。つまり背に腹は代えられぬのである。九州でのある農夫は言っていた。この頃のいもは味はうまくなく、多少腹にももたれるが、従来のいもよりも今日のいもの方が収穫が多いから、それでこれを作っているのだと。

このように、その味がうまくなくても収穫の多量にあるものが勝ちを占め、大いに農民を駆ってそれが作られるようになったが、なおそれに拍車をかけたことは、エズリス品種の方に農家のひんしゅくする弱点が多かったからである。すなわちまず第一番にその収穫量が少なく、いもは冬期貯蔵中に腐りやすく、そのうえ旱天が続くと蔓が弱って生長が鈍くなるのである。ただその長所はいもの味が佳いことであるが、しかしこの一点だけではもはや農家がその栽培を続け行くことがとうていできない時世に当面していた。

従来からのさつまいも、すなわち前文にエズリス品種といったものは、さつまいもが古くわが邦に渡来してからの品で、明治三十五年頃まではわが邦一般にあまねく作られてあったものである。今からおよそ百六十年ほど前に、欧洲の植物学者のツンベルグが肥前の長崎へ来て、その辺に作ってあったこのさつまいもを見て、これを新種と考えそれへコンヴォルヴルス・エズリス（Convolvulus edulis, *Thnnb.*）の学名を与えた（この名は後の学者によってイポメア・エズリス〔Ipomoea edulis〕とせられた）。同氏は無論バタタス品種を知っていたに違いないので、当時右わが邦に作られていたさつまいもがそのバタタス品種とは異なった品であると同氏の眼には映じたわけだ。じつにこのエズリス品種をバタタス品種と見くらぶれば、容易に両者の区別ができるのである。

しからば右のエズリス品種に代わって、明治三十五年頃以来今日一般に日本を支配しているものはなんであるかと言うと、それはバタタス品種である。これはイポメア・バタタス（Ipomoea Batatas, *Lam.*）という学名のもので、英語では俗にスウィート・ポテート (sweet potato) と呼んでいる。

この種はもと熱帯アメリカの産であるが、今日では最も広く世界の各地に拡まっている品である。そしてこの品も少々は古くから日本へ来ていた。たぶん往時はこのバタタス品種もエズリス品種も、共に同時頃に入ってきたものであろう。しかるにバタタス品種の方は、薯の味が一方へ比べるとうまくないもんであるから、あまり人々がこれを顧みなかったのであろう。そして一般には味の佳いエズリス品種を作るようになったと信じ得られる。経済のゆったりした前日の時代ではそれでも済んでいたのだが、今日のように緊迫した世相となってはそれではとても行かなくなってきた。その弱点へつけ込んで一瞬間に国内の畑地を占領したのが収穫の多いバタタス品種の全盛時代で、これは今後も無論永く続くのであろう。

じつ言うと前のエズリス品種は元来はバタタス品種の一変種（私はかつてその学名を Ipomoea Batatas, *Lam.* var. edulis. *Makino.* と定めた）であるが、これをバタタス品種に比ぶれば自ずから相異なっている点があるので、そこで前に記したツンベルグもそこに眼をつけてその品種について云々したものである。

世界的に広く眼を放って見れば、右のエズリス品種はこれをバタタス品種に比ぶれば、量が少なくてかつわりあいに稀なものではないかと想像する。西洋の書物に出ているこの植物の図は私の見たものはことごとくみなバタタス品種で、エズリスの図はまだ一つも見たことがない（ただし日本の書物には出ている）。

上に記したように、今日の日本ではバタタス品種が一般に拡まって幅を利かしている一方、前日の時代に優勢であったエズリス品種は凋落の運命を辿り、栄枯盛衰まったく地を換えた現状であるが、しかしそれでもまったく尽き果ててしまったではなく、細々ながらも余喘（よせん）を保って残煙をあげているのはわれら植物界の人にとってはとても嬉しいことなので、それについては奥様、お嬢様、女学生様、お女中様方々に篤き感謝の意を表せねばならないのである。それはそれ、皆様方の御好物な焼きいもが現代に現存しているので、そのおかげでこのエズリス品種のいもが幸いにも、例せば、川越などで作られいわゆる川越いもの名のもとに市場に売られているので、まずまず当分はいよいよという寂滅の断末魔もそう早急には廻って来まいから、われらはほっと安藷の胸をなでおろしている次第だ。

味の佳いエズリス品種の藷は、切って肉の色が白黄できめが粗く、蒸すといわゆるくりいもとなるが、バタタス品種の方は、切って肉の色が白くきめが細やかで、蒸すと多くは通常いわゆる水いもとなる。皮の色は両方ともいろいろあってこの皮色のみではあまり両品の区別とはならぬ。畑に臨んでその生えているのを見ると、エズリス品種は、茎がより太く新葉とともに紫色を帯ぶることが多く、それゆえその畑を見渡すときは紫色を呈している。葉は丸い心臓形で葉縁に耳裂片が稀にあるのみである。

バタタス品種は茎が細長く、新葉とともに通常は色が淡く緑色が勝っている。葉縁には耳裂片があり、ときとしてはその葉がモミジの葉のように分裂しているものもある。

右の両品ともその花は同じで、ちょうど朝顔の花を小さくした形で淡紅紫色を呈している。台湾、琉球などの暖地ではひんぴんとして花が咲き実も生るが、内地ではまことに稀に花が咲くにすぎないゆえに、花咲けば人々がこれを珍しがる。もし人工で花を咲かしたいならば、三枚くらいの葉を付けておいてその茎の両端を切り、その上部を下にし逆さまに地面へ挿して植えておけば花が出ると聞いたことがある。

ところによるとその葉柄を煮て味を付け食用にする。葉は蔓とともに捨て去るものゆえ、それが食品になるとすると一つの蔬菜がふえて好都合である。われわれは平素このようなことに目を付くるのはまことにたいせつなことと信ずる。いわゆる廃物利用である。

市場に早く出るいもはバタタス品種で、これは作りようによって早くいもを着けさすことができる。ここに別に早作りの一法がある。それは夏はじめに藷塊から蔓を発出させ、この蔓を藷塊から切り取らずにそのまま藷塊とともに地に植えておけば、新いもがふつうより二十日ばかり早く生ずるとのことである。

さつまいもという名は今日ふつうの称呼となっていて、どんな品種でもその総名はこれで通っている。いわゆる一つの通称となっているのである。しかし旧来からの方言、例えばカライモなどの名がある所では無論それで呼んでいる。われら植物学の方面では、かのバタタス品種とエズリス品種を分かって呼ばねばならぬ必要から、エズリス品種をさつまいもと称え、バタタス品種をアメリカイモと言っている。徳川時代でのことはさておき、明治維新以来日本においてのエズリス、バタタスの両品種を略叙すれば、まずざっとかくのごときものである。吾人今その変遷の跡をたずねてみれば、その間また多少の感興なくんばあらずである。

（『随筆草木志』より）

『大言海』のいんげんまめ

大旱の雲霓（うんげい）を望むがごとくに憧れていた文学博士大槻文彦先生の大著『大言海』の初巻が発行になったのでさっそくに購い、取る手遅しとこれを繙き閲覧してゆくうちに、今日ふつうに東京辺で言ういんげんまめを本条いんげんささげとなし、その解説として左のごとく書いてあるのが目に付いた。私はこれについて少々云々したくなったので、まずその全文を左に転載する。すなわち

いんげん――ささげ（名）隠元豇（明の僧、隠元、承応三年帰化し、始めて齎せりと云ふ）豆類。苗も葉も、ふぢまめに似て、細小なり、葉の間に、白、紅、紫等の花を開く、ふぢまめより早く莢を結ぶ、形、扁く、長さ四五寸、未熟なるは、莢と共に煮て食ふ、さやいんげんと云ふ。豆は、そらまめより小さく、白くして光る、変種なるは種々の色あり、一年に再三熟す、又、いんげんまめ。いんぎんまめ。共に東京の称。一名、たうさゝげ。ぎんさゝげ。えどふらう。かまさゝげ。

である。そしてこれは初版の『言海』もほぼ同文であって、それが今回の『大言海』になって

もなんらその間に新味が加わっていない。この大槻先生の文は、小野蘭山の『本草綱目啓蒙』を土台として書いたものであることは左の『啓蒙』の文を一瞥すればすぐ分かる。すなわち今参照の資にこれを左に抄出してみよう。

又一種とうさゝげと呼あり一名いんげんまめ江戸信濃まめ伊州五月さゝげ和州甲州ふらう讃州江戸さゝげ播州江戸ふらう予州銀ふらう、ふらう、まごまめ、にどふらう倶ニ同上にどなり勢州三度さゝげ阿州ちやうせんさゝげ肥州なたさゝげ奥州かまさゝげ丹波八升まめ江州かぢはらさゝげ、ぎんさゝげ越前仙台さゝげ下総漢名菜豆盛京通志これは苗葉扁豆に似て早く莢を結ぶ形扁くして長さ三四寸未だ熟せざるときは皮を連て煮食ふ熟する者は、その豆蚕豆より小にして光沢あり、白紅黒十数色あり其早く熟する者を栽て再三豆を生ずべし故に二度ふらう三度さゝげの名あり。

『啓蒙』の文は上のごとくであるが、この豆は今日東京を中心としてふつうに人々の称えおるいんげんまめである。その学名は Phaseolus vulgaris *L.* で、その原産地はけだしアメリカ方面であろうといわれているが、今日では広く世界の各地に拡まってその莢と豆とが日常の食物となっている。

わが邦へはたぶん今からおよそ二百三十年前後に入り来たったものであろうと思われることは、同じく二百二十四年前の寛永五年にできた（出版はその翌年である）貝原益軒の『大和本草』にある「近年異国より来る」（その全文は下に見える）という文句を見てもうなずかれる。その後安政三年出版の飯沼慾斎著『草木図説』には「五月さゝげ、たうさゝげ、菜豆」としてその図説が掲げてある（明治八年版の新訂本にいたってはじめていんげんまめの名が新たに田中芳男、小野職愨両氏によって補入せられた）。今日小学校、中学校、師範学校、農学校、女学校等の教科書または植物学書に、いんげんまめと書きあるいは図示してあるものはみなこの種で、ふつうの学者のほとんどだれでも、これよりほかにはいんげんまめというもののあることにいっこう気が付かないようだ。そこで彼らはいんげんまめという名は絶対的のものであると思っていはせぬかと思われる。その豆の皮色には種々あって、なかんずく茶色斑のものをうずらまめ（大豆の一品にもうずらまめというものがある）と称する。私の少年時代、私の郷里土佐高岡郡佐川町では、ただその豆の紫黒色のもの一種のみであって、これを銀ぶろうと呼んでいたことを覚えている。それは嫩き莢は食わずに、ひとりその豆のみを煮食していた右のいんげんまめの漢名であると蘭山がいっておる菜豆は、そこに転載した『本草綱目啓蒙』が引用しておるように『盛京通志』に出ていてその巻の二十七、物産、穀の属の中に「菜豆如篇豆而狭長可為蔬」と書いてある。

このいんげんまめの称はじつは一つの冒称であって、この豆をかく呼ぶのは確かに不純な称であることを私は断言するに躊躇しない。この称えは、たぶん往時江戸（今の東京）を中心として出発し、四方に拡がったものではないかと思われる。されば『本草綱目啓蒙』にもいんげんまめの名下に江戸と註し、当時はそれが江戸の称呼であったことを証拠立てしているのはすこぶる興味がある。されどこの名称が豆へ対して下されたのは前述のとおりまさに不純であることはその間に争えない事実が存しているのを知れば自ずから氷釈せらるる（後条参照）。関東では爾来その不純な冒称すなわち贋造の名が拡がって、ついに今日のような該名万能の結果を招来馴致して四方を風靡し、多くの学者を盲目にしているのである。かえりみて今から二百二十年前頃には、まだ一般にはひろくこの豆をいんげんまめとはいわなかったことは、正徳二年に編成せられた寺島良安の『倭漢三才図会』のこの品についての記載文を見れば、この称えが挙げてないからその辺合点が行くだろう。すなわちその原文を直訳すれば「唐豇豆一名朝鮮豇豆莢の長さ三四寸幅五分ばかりの扁豆の莢に似て曲らず、六月の初めにこれを出し、豇豆未だ出ざる時煮て食いもって珍となす。しかれどもかすかに青臭の気あって美ならず」と言う。しかしこの『倭漢三才図会』より四年ほど前に出た貝原益軒の『大和本草』には「隠元豆、豇豆の類なり漢名未詳近年異国より来る又梶原さゝげと云皆鄙俗の名づくる所なり葉は赤小豆に似て蔓生ず莢は大豆より長く豇豆より短く厚し五月に早くみのる又栽れば一年に二度みのる菜として煮食する事豇豆に同じ子の色白く粉をぬるが如し京都にては眉児豆（牧野いう、Dolichos Lablab *L.* を指す）を隠元豆と云与此別也」とに書いてあるから、世間の一部では既にいんげんまめともいっていたことが想像せらるる。とにかくこの時分にはこの豆はそうふつうではなく、むしろ珍しかったであろう。

上のいんげんまめ（Phaseolus vulgaris *L.*）は、前に述べたように例え今日その称呼が拡がって、あたかも通名のようになっているとは言え、このいんげんまめは、かの隠元禅師とはなんらの関係もない豆であるということを知っておかねばならない。それを上の『大言海』（三省堂の『日本百科大辞典』なども同様）に禅師に関係があるとし、本文のはじめに引用してあるように「明の僧、隠元、承応三年帰化し始めて齎せりと云ふ」と書いてあるのは、この豆に対しいわゆる認識不足で、種々百般の事がらについてあたかも裁判官の役目を務むる辞典、ことに碩学のきこえあるその著者が、幾十年かにわたる各条の推敲に推敲を重ねたこの『大言海』の中身に、こんな分かりきった事実の疎漏があるとはまことに意外の感に打たるる。なおその他にも、特に草木のことについてはすべからく訂正修補を施すべきもの数ヶ所（例えばあずさ、あまづらなどの）あるを見受けるのは、それはほんの大海の一粟のようなものではあれど、その挙げられてある事項がそう軽い事がらのものでもないとすれば、それはあたかも爛々たる太陽面に黒点を印し、皓々たる白堊上に春泥を留むると一般憾みてもなおあまりがある。

著者大槻先生は一面にいちょう（鴨脚、支那音やちゃお）の件のごとく、きわめて斬新な発見事実を高唱せられているかと思えば、他の一面には、既に陳腐に帰したたわいもない旧説（草木に関して）をのべられ、あえて世人の蒙を啓くべき新訂説をその間に窺うことのできぬ点もあるのは、まことに本辞典をStandardの価値あるものとして渇仰し、崇拝し、かつ謳歌する吾人一般の不幸である。おもうに、学は古今にわたり識は内外を傾けられし碩学大槻先生の、全精力を傾倒し尽されし最新の著述でさえこの欠陥があるのを見れば、今日駆け出しの白面学者が、百科辞典のごとき重大な書物にあえてわが力量をはからず、臆面もなく相競うてその浅薄な筆を弄し得々たることは、まことにひんしゅくを禁じ得ない。

　要するにこの『大言海』は、少なくともその草木の部においては前述のごとく、確かにいま一度の再校訂を必要とすることは論をまたぬ。とにかく今回の『大言海』には、ある事がらについては大槻先生逝去の前、とく既に正確なる新事実が明らかとなっていたにもかかわらず、なお依然として陳腐な旧説が雑居していることは事実で、これは本辞典の権威に対してもまことに残念しごくである。したがってこの辞書を繙く者は、一から十まで割引きなしにその記事を標準視して、これを鵜呑みにするわけにはゆかない結果となるから、使用者はその心してこれをみる必要が大いにある。まことに世間を憚らぬ僭越な申し分ではあるが、私は今にして思えば、たとえ大槻先生には一度の拝顔を得ていない間がらであったとしても、その草木の事がらに関しては同先生の在られし日に、押してもこれらを先生に申し上げていささかでも参考の資に供え得なかったことを、この宝典のためにつくづく残念に思うのである。今は詮なし、もはや先生を逐うべき術なきをひたすら歎くのほかはない。

明の僧で、黄檗山万福寺を山城宇治に草創し、日本黄檗宗の開祖となった支那の黄檗山の隠元禅師が、今をへだたる二百七十八年前の承応三年（1654）に帰化した時、はじめてわが日本にもたらしたと称せらるるいんげんまめ（隠元豆）は、上に述べたように Phaseolus vulgaris *L.* のいんげんまめではないとすれば、それならそれはどんな豆であったか、次にそれについて明らかにこれを述べてみよう。

この隠元禅師と関係のあるといわるる豆は、すなわち古くから称え来たったいんげんまめ、

いんげんまめ一名ふじまめ，古名あじまめ，藊豆，鵲豆
（Dolichos Lablab *L.*）

すなわち隠元豆で、この称呼はなお関西方面の諸州で現に呼ばれているものである。すなわちここに掲ぐる図の品がそれで、その学名は Dolichos Lablab *L.* である。これは、もとはたぶん旧世界の熱帯地の産であろうとのことであるが、今は広く世界の各地で栽培せられている。種名の Lablab は、アフリカ洲エジプトの土言だと称せらるる。このいんげんまめの支那に入ったのはすこぶる古代に属する。したがって同国の古い書物にはよく

これが藊豆（李時珍がいうには、藊はもと扁に作ったもので、それはその莢の形が扁（ひら）たいからであると）の名で出ており「人家種之於籬援其莢蒸食甚美」、「此北人名鵲豆以其黒而白間故也」、「今処処有之人家多種於籬援間蔓延而上大葉細花花有紫白二色莢生花下其実亦有黒白二種白者温而黒者小冷入薬当用白者」ならびに時珍の曰く「扁豆二月下種蔓生延纏葉大如盃団而有尖其花状如小蛾有翅尾形其莢凡十余様或長或団或如竜爪虎爪或如猪耳刀鎌種種不同皆纍纍成枝白露後実更繁衍嫩時可充蔬食茶料老則収子煮食子有黒白赤斑四色一種莢硬不堪食惟豆子粗円而色白者可入薬本草不分別亦欠文也」などと解説がしてある。

この豆を前述のごとく承応三年に隠元禅師がもたらしたとすれば、それは今をへだたる二百七十八年前にわが邦に伝わったことになる。すなわち後光明帝の末年に際し、徳川四代将軍家綱の時代で、西暦一六五四年に当たっておる。この豆はこの年を出発点（尤もその前遠く王朝時代（奈良朝、平安時代の総称）に既に渡っていたとの説もある）としてわが邦に拡まり今日におよんでいる歴史をもったもので、これをかの菜豆のいわゆるいんげんまめ（いんげんささげ）の伝来に比ぶればずっと古い。ゆえに菜豆のいんげんまめは、真正の隠元豆へ対しては新豆で、伝来歴史の上からみれば一方ほど幅が利かずまた顔色のない品である。

右の本来のいんげんまめ（隠元豆）は、支那の従来の説では多くは、その白花白豆のものが藊豆（白扁豆も同じ）で紫花黒豆のものが鵲豆となっている。しかるに小野蘭山は上に抄出した時珍（『本草綱目』）の説くところにしたがってその著『本草綱目啓蒙』に次のごとく述べている。

藊豆　あぢまめ和名鈔、とうまめ土州、かきまめ予州、ひらまめ

鵲豆　いんげんまめ、かきまめ雲州、つばくらまめ遠州、かんまめ同上、なんきんまめ筑前、ふぢまめ江戸、八升まめ勢州、さいまめ上総、せんごくめまめ勢州白子、いんげんさゝげ佐州、とうまめ城州黄檗

鵲豆は春種を下し藤蔓（つる）甚長し葉は葛葉に似て小さく毛なし花に紫白の別あり後扁莢を結ぶ未だ熟せざるとき莢を併て煮食ふ熟すれば、豆円扁黒褐色或は茶褐色にして旁に白眉〔牧野いふ、すなわち臍で hilum を指す〕あり、白花の者は色潔白にして小黒点あり、薬用の白藊豆は苗葉の形状鵲豆に異ならず只莢闊く内に硬殻ありて未熟の者も煮食ふに堪ず、豆は白き鵲豆に比すれば微黄を帯て黄大豆の色の如く黒点なし。

かく蘭山は右のように、白花硬殻莢白豆のものを薬用品として、ふつうの白花白豆ならびに紫花黒豆のものを食用品として分かっていれども、しかしこれはただ同種中の少差異でともに *Dolichos Lablab L.* の一品に属し、さほどやかましく言説するほどのものではない。そしてこの蘭山の挙げた薬用品のものは今世間にあるか否か、恐らく今日は見られない品ではないかとも思われる。なんとなれば、今諸州に作っているものはみなその莢を食用とするのを目的としているからであるのと、かつは漢方医法が久しくすたれて、したがって漢薬としてのその需要がないの

とで、人がそれを栽培せぬからである。しかし田中芳男、小野職愨両氏同撰の『有用植物図説』（明治二十四年発行）には、ひらまめ一名あじまめの藊豆に「鵲豆と同種にして扁大なる嫩莢を煮食するのみならず其子粒に白色、淡茶色、紫黒色等あり、共に煮食して脆美なり」の解説を付して、その莢も豆も食うて美味なことがうたってあって、蘭山の言うところと一致していない。よって想うに、この種にはいろいろの変り品があるから、あるいは名は同一となっていても甲乙両者の指す実物は違っているかも知れないと思う。これはただ一種中に行なわれる相互の小異ゆえ、その辺の混雑は必然的に有り得べきであろう。

この種に対して今日の植物学者の通用する和名はふじまめである。これはその花が紫色で、ふじの花に似ているとの見立てからの名である。しかしその隠元禅師と連繫せる歴史を帯びたいんげんまめ（隠元豆）の名は、今日でもなお死語とは化せずに生きていて、既に上に記したように関西の諸地では現にこれをいんげんまめあるいはいんげんと呼んでいる所があるから、私は本種の正名としてはこの名をその正位に直し、ふじまめをその副名とし、あじまめをその最古名とし、僭称者の菜豆のいんげんまめ（Phaseolus vulgaris *L.*）をごがつささげ（五月ささげ）とすればいいと思っているが、しかし今日これほどまでに瀰漫（びまん）せるそのいんげんまめ（菜豆の方）の名称を平らげることはとてもできかねるので、この点は名称学者の頭痛の種である。しかしそう理想どおりには改名ができぬとしても、誰でもこの両種すなわち Dolichos Lablab *L.* と Phaseolus vulgaris *L.* との和名のいきさつくらいは充分明らかに呑み込んでおき、かの『大言海』や『日本百科大辞典』などごときへまをやらぬよう用心するのが確かにたいせつなことだと信ずる。

このいんげんまめすなわちふじまめの莢は、短く平たく長さおよそ二寸、幅およそ四分ばかり、数莢が梗上にならび付き横に向こうている。その豆には太くて長き臍がある。この種は関東地方よりは関西方面に多く作られている。

今から二百六十六年前の寛文六年に出版になった中村惕斎の『訓蒙図彙』に、この種に対してのわが邦はじめての図が出ており、あぢまめ、一名かきまめの名が署してある。くだってこれから四十四年を経、今から二百二十年前の正徳二年にできた寺島良安著の『倭漢三才図会』巻の百四、菽豆類に藊豆と白扁豆との図説がある。

藊豆（いんげんまめ）　和名　阿知万女、　俗名　隠元豆

按ずるに藊豆は本朝古えより有りて甚だ用いられず、承応中黄檗の隠元禅師来朝以後処々に多く之を植う。其葉紫豇豆（じうはちささげ）の葉より大きく嫩葉を煮て食う。六月に花開く紫白相交わり藤花に似て短く上に向かう。其長さ四五寸毎弁頗る蛾状の如し、其莢長さ二三寸嫩き時煮て食う。軟にして甘美老て（ひね）は即ち硬く食うに堪えず豆を収て種と為す。栗色の如く或いは黒色にして喘耳（はしみみ）の処正白にして大きさ黒大豆の如く団く炒り煮ると雖も食う可からず。

一種葉花同じくして莢に微毛〔牧野いう、けだし糙渋の事をいったものであろう〕あり、硬くし

て食う可からず。俗名加木末女。是れ乃ち藊豆の種類なり。人種えずと雖も自ら変じて成るも亦有り。

白扁豆（はくへんず）

按ずるに白扁豆はすなわち藊豆の白く扁たき者なり。花の色亦白し。日向より出る者良し山州摂州の者之に次ぐ。皆唐薬より勝れり。

右『倭漢三才図会』もまた白扁豆を隠元豆の一品として扱っているが、往時は薬用品として特にこんな品を作っておったものと想像せらるる。

上に縷述した拙文を幸いにも読んで下されしお方は、これで真正の隠元豆（古名あじまめ）と贋の隠元豆（五月ささげ）との区別がはっきりと分かられたことと信ずる。私らはこんなことはもはやとっくの昔に知りぬいていた黴の生えた事実ですけれど、意外にも今日「トップ」を切った『大言海』の叙述に驚かされ、止むに止まれぬ学びの魂から、ついかく長談義をおっぱじめたわけです。どうも御退屈さま。

隠元禅師、地の底で菜豆（いんげんまめ）の娑婆からの「ラジオ」を聞いて、承知ができんぞとその冒称の非を鳴らし、頭に湯気を立て衣をまくりてわめいているところ

いんげんがにせいんげんのなをきいて
いんげいんげとまめなおたけび

〔註にいう〕　いんげは土佐でいう否定の言葉で、いいえそうではないなどといういいえと同じことです。

追記

私は辞典学者に対して、決して植物学者のようになれと責むるでは無論ないが、しかし辞典中にその項目がありありと列挙してある以上は、たとえその解釈は簡単でも、その事実は正確で間違いのないものであらねばならぬと考える。また同学者に対し、そこにないものをあれと責めるのではなく、既にあるものはこれを正確にせよと要求するので、これは決して無理ならぬ使用者からの注文とだれもが承知することであろう。

ついでに上に述べ来たった両豆渡来の前後が解るように、左のように記してみた。これでみればその委細がよく呑み込めるであろう。

正いんげんまめ（ふじまめ、あじまめ）〔Dolichos Lablab *L.*〕

王朝時代渡来？……隠元禅師招来（二七八年前）

偽いんげんまめ（五月ささげ）〔Phaseolus vulgaris *L.*〕

約二三〇年前初渡来

（『随筆草木志』より）

東で人参、西でマンドラゴラ

人参というものは東洋にある。いわゆる神草だ。年を経たものはその根が手足を備えて人の形を呈しているが、この姿をした人参が最も貴い。そもそもこの人参たるや、とてもたいへんな草なので、あるときは夜な夜な人の呼ぶような声で泣いたこともあった。あるときはこの草の生えている上に紫色の瑞気がたなびいたこともあった。また明皎々たる揺光星が砕け散って、天から降り地に入ったらそれから人参が生えたこともあった。またその威力で死にたくもない人に頸を縊らせたこともあり、のっぴきならぬ可愛い娘に身を売らせたこともあった。こんなわけであるから古来これに匹敵するもののない神聖な霊草だとして崇め尊ばれたものである。

さてこの東洋の神草なる人参関と相撲をとるものに西洋のマンドラゴラ関がある。今ここにこの遠西の大関にかんし、数年前にものしておいた旧稿から抄出して少しくそれを書いてみる。それはまことに不完全なものながら、詳説は他日に譲りここにはまずざっと説明することにした。

マンドレーク（Mandrake）は昔麻痺薬として使った植物である。この植物の属名はMandragora（マンドラゴラ）であるが、これはヒポクラテスという有名な大昔の医者が用いた名である。これは家畜に害があるという意味のギリシァ語から来たものだそうな。なす科（茄子科）中の狼なすび族（Atropeae）に属する有害植物で、古来久しく迷信の的となっていた名高いものである。

この属の植物は多くは無茎の宿根草である。その地中に直下せる根はいわゆる牛蒡根で多肉肥厚、その根頭から卵形あるいは披針形の根生葉が多数に叢生している。その葉には葉柄があって、葉縁は波状を呈する。後になって内方に出る。葉は一般に狭長でかつ全辺である。花はむしろ大きい方で、多数にその叢葉の間から出で、花梗を具える。萼は五深裂し、花冠は五裂せる鐘状で藍紫色白色あるいは紫色の網状脈がある。蕾どきにはその花冠裂片は内向鑷合襞をなしている。花冠の下部に五雄蕋があって、花糸はその基部の上が広い。花後に球形あるいは長楕円形の果汁多き漿果を結び、この漿果は子房を両分せる隔膜の破損によってここに単胞となっているのである。

この属中に今日では三種（あるいは五種）が含まれている。すなわちその一は Mandragora officinarum *L.*（= *Atropa Mandragora* L.）、その二は M. autumnalis *Bertol.* その三は M. caulescens *Clarke.* である。なおこの他に M. microcarps *Bertol.* と M. vernlis *Bertol.* とを算する人がある。

右のうち俗に Mandrake（マンドレーク）と呼ぶものはすなわちその第一の Mandragora officinarum *L.* で、地中海地方ならびに小アジア地方に産し、その葉は大形で卵形を呈し、初生の葉は鈍頭だがその後に出るものは鋭尖頭である。早春に芽立ちて叢生し、地面に平布する。数梗を葉中に抽いて各梗頂に各帯緑な黄色の一鐘状花を着け、臭気がある。萼の裂片は披針形で円形をなせる漿果と同長である。漿果は五月に熟して黄色となり、多肉ですももの実くらいの大きさとなり、一種の匂いがある。

この植物は古い時代に、一時は薬力があるのだと囃(はや)されたこともあって、この草の根には Pseudohyoscyamin と Mandrogorin と称する成分を含み、この二成分はともに瞳孔を拡大する力があるといわれた。

昔ジョーセフスという人の言うには、このマンドラゴラに触れると必ず死ぬるが、それを免れる方法はないでもない。また言うには、何の危険もなしにマンドラゴラの苗を掘り採る方法がある。それはその生えている苗のまわりを掘って、その根の先を少しく依然土の中にあらしめ、犬をその苗に繋げば犬はそれを脱せんとあせるから、その勢いでその苗がすぽんと容易に地から抜けるが、しかしその犬はただちに死んでしまうのだとのことである。

このマンドラゴラの根が、ときには二股大根のように両岐するもの、またなお両腕のように分れたものができて、それがちょうど足のあるまた手のある人形のようだから、昔の人がその魔力あるオツな姿に大いに魅せられ、これが天然自然にこんな貌を現わすからには、そこに何かの神秘がなくてはかなわぬとの衝動を受けて首をひねり、ついにはこれが色情を挑発させ、あるいはそれを増進させる催淫薬になると言い出した。そんなわけで、古い昔の薬用草木書には奇想をこらした想像絵がたくさんに出ており、これが男女に分れて、男の方は長い髪をぼうぼうと生やし、女の方は丈なす髪をふさふさと垂れている。こんな伝説が今もなお忘れられてはいないので、人々は自然にこの草を珍重し、今日でも家の外側の土堤のような場所にこれを栽えているところがあり、またうり科の **Bryonia dioica** *L.* の根をマンドレークと誤信し、今日でもなおこれを薬用として使っているところもある。アラビヤ人はマンドラゴラを悪魔りんごと呼ぶのだが、西洋では **Love Apple** すなわち恋りんごの俗名がある。わが邦名としては、既に邦訳の旧約聖書にそうあるように、これを恋なす（恋茄子の意）と呼べば悪くはない。これはその発音が「恋成す」にも通ずるから、恋成就で縁起がよい。伝説によれば、この草を帯びていればそれが惚れたり惚れられたりする恋愛のおまじないになるといわれているから、その時代の青年男女はとてもこれを貴び愛好したことであろう。

昔の人は、この草を地から引き抜くときは泣き声を出すのだと想像していた。それはその根の形が往々二股に分れて人に似ているから、そんな迷信に陥ったものであろう。またこれが催淫薬になるということも前に言ったごとく、同じくその人の型をしているところから思い付いたものである。当時の人々はそれを信じきっていたので、それ者は明け暮れこれを渇仰したことであろう。

昔はまたマンドラゴラの主なる使いみちは悪魔除け、悪魔払いであったこともあった。この悪魔は嗅いでも分からず、見ても見えぬ幽界の魔物であった。

昔欧州大陸方面では一時すこぶるこの植物が流行した時代があった。香具師どもがその両岐せる根の股ぐらへ「ナイフ」で男女のお道具の象を彫り付けてこれを並べ、さあさあみなさん、男のお子さんがお生まれになるのをお望みのお方はこちらのを、女のお子さんがお生まれになるのをお望みのお方はあちらのをお買い上げ下されて御幸福を得られんことを祈りますと、しきりに妊婦にそれを売り付けたものである。

この草は元来が上記のごとく有毒植物である。そしてそれを吐剤、下剤または麻酔剤とすることができる。昔は主としてその麻酔を利用して、これを麻酔剤ならびに鎮静薬として使用したとのことであるが、今日はそれが廃せられた。そしてまたそれが催淫薬として使われたことは前に記したとおりである。

人によっては Mandragora autummalis *Bertol* の方が本当のマンドレーク（Mandrake）だとも言っている。これも地中海地方の産品である。この種は秋咲品で深藍色の花を開くのであるが、M. officinarum *L.* の方は三、四月に開花する春咲品で花色は黄色で緑色を帯びている。

『旧約全書』の「創世紀」の第十三章にある Dudaim というものがすなわちマンドレークであるとのことである。英訳の『旧約全書』にはそれがそのとおり mandrakes としてある。同治二年（わが文久三年）に支那で発行した漢訳の『旧約全書』にはそれを茄と訳し、邦文の『旧約聖書』には前述のとおり恋茄と訳してある。

ここに興味のあることは、かの有名な詩人のセキスピーアがこのマンドラゴラに触れていることとである。すなわちそれは彼の「マクベス」、「アントニーとクレオパトラ」ならびに「ロメオとジュリエット」劇の文章で知られる。

マンドラゴラ（Mandragora）すなわちマンドレーク（Mandrake）を往々狼毒（元来支那の草である）だとしてあるのを見かけることがあるが、それは今から六十七年前の慶応三年に発行になった『改正増補 英和対訳袖珍辞書』（初版本の第三版に当たる）がおそらく一番の元であろうと思う（ただしこの辞書の初版〔1862すなわち文久二年江戸出版〕には単に草の名と出ているのみである）。すなわち同書に「Man-drake, *s.* 狼毒（毒草の名）」とある。これから後の種々の英和辞典に、同じくそのとおり出ているのはみな右の『袖珍辞書』を襲いだものであって、今日開版の新版英和辞書でもこの誤謬が解消せられずに依然として昔のままに遺っているのはみっともないと言ってもよい。明治二十五年に出版になった松村任三博士の『本草辞典』にもマンドラゴラとマンドレークとをともに狼毒としてあるのは、おもうに従来の英和辞書に拠ったものであろう。しかし上の『改正増補英和対訳袖珍辞書』の著者は、いずれのところからその狼毒の訳名をかぎ出し来たのか。今とは違い世が慶応という、まさに明治維新の黎明期に入らんとする年だ。こんな際にそれをいずれで聞いたか。たぶんその時分の本草学者かあるいは蘭学者かに聴いたものであろうか、あるいはまた蘭語の和訳辞書にでも基づいたか、その辺の消息は今にわかにこれを追及するに暇がないが、たとえ誤りにしろとにかくマンドレークを狼毒だと主張した人は、それは決してただものではないね。あるいは桂川甫周の『和蘭字彙』か、あるいは野呂元丈の『和蘭本草和解(わげ)』かでも見たらあるいはその端緒でも得られはしないだろうかと思われる。またマンドラゴラの音が似ているので、往々これを曼陀羅華(マンダラゲ)としてあるものを見受くるが、これもはなはだしい間違いである。今日の英和辞書でもなおこの誤謬をあえてして、改むることを知らないので、ひいて白紙の英語学生をどれほど誤りの淵に引き入れるか分かりゃしない。御承知のとおり曼陀羅華は、なす科に属する Datura 属のちょうせんあさがお、一名きちがいなすびのことであって、マンドラゴラとは雲泥の違いのある草である。

ロブスチード氏の『英華字典』にマンドレークを「苦蘵（?）」としてあるが、この苦蘵はよろしく苦識と書くべき誤りであろう。この苦識は、けだし彼のなす科のせんなりほおずきのことであろうから、これをかくマンドラゴラの訳名とするのはきわめて悪い。それは決して（?）符を付したぐらいの騒ぎじゃない。

さすがに兆民居士の中江篤介先生は偉かった。彼の校閲になった仏学塾蔵版の『仏和辞林』（野村泰亨氏ほか三氏の纂訳で、初版は明治二十年出版、訂正再版は同二十四年出版）には、Mandragora に対して「茄科植物の種類（日本に無し）（植物）」と出ているが、これは正しい事実なのである。明治三十八年に刊行になったエ・ラゲ、小野藤太両氏共編の『仏和会話大辞典』には、他の英和辞書と同様それが「曼陀羅華」としてあるが、それは勿論誤りである。

右の興味深いマンドラゴラ、すなわちマンドレーク、すなわち悪魔りんご、すなわち恋りんご、すなわち恋なすの生本が、昔からこんな有名な植物でありながらまだ一度もわが日本へ来たことがないのは、何としても物足りない。ほかのやくざな外国の草はどしどし入ってくるのに、これはまあどうしたことだ。今日は、はあ「エロ」全盛のときでもあれば、どこかの植木屋でさっそくこれを欧洲から取り寄せ、盆栽にでも仕立てて売り出したら、カフェーなどではたちまち競うてこれをテーブルの上に並べるだろうから、きっと大儲けができるに違いない。それは確かにわしが請け合うとくからここは一つうんとやってみるがよい。そのときは、これこの秘策を授けたおれには必ずその儲けの一割だよ、よいか。

（『随筆草木志』より）

竹の花

禾本科植物中特異の状貌を呈して、ことに喬木、あるいは灌木をなすもの、これを竹の一群となす。他の禾本類多くは草状をなすに反して、ひとり前述の状態を呈するは竹類の特性というべきなり。このごとき竹類あい集まりて禾本科中に一科を構成し、これを竹小科という。その品種きわめて多くして、ただに日本、支那地方に生ずるのみならず、インドにもあり、ジャバ島にもあり、フィリッピン島にもあり、安南にもあり、ニューカレドニア島にもあり、マダガスカル島にもあり、また北アメリカおよび南アメリカにもありて、その蕃生せる区域ははなはだ広大なり。しかれどもその産する国土を異にするにしたがいその品種、すなわち植物学上にいわゆる種（Species）を異にし、特に殊域の品にあってはなお多くはその属（Genus）を同じくせず。しかしてその世界の竹類を彙集せばここにおよそ二十有二の属を算うるを得べし。

このごとく、地球上幾多の竹類は上述のごとく、これを二十二属に総ぶるを得べく、これらの諸属はさらにこれを四族に大別するを得べし、ゆえに竹小科はこの四族よりなるを知る。四族とは（一）女竹族、（二）刺竹族、（三）麻竹族、（四）メロカンナ族すなわちこれなり。

いま本邦所産の竹を基となしてその状の梗概を記せんに、竹は多年生の喬木あるいは灌木なり。漢人は「似レ木非レ木似レ草非レ草」と言いまた苞木と称す。根茎すなわちいわゆる鞭は横走してあるいは長くあるいは短く、通体節ありて節上に根を輪生す。稈はすなわち竹竿にして、あるいは根茎の節より生ずるあり（例、ハチク、マダケ等）、あるいは根茎の末端ただちにこれをなすあり（例、ネマガリダケ、ホウオウチク等）、もって高く気中に挺出す。その幼嫩なるときはすなわち筍にして、筍の外を包みてこれを保護する鞘を籜（タク）という。籜の頂常に一個の鱗片をそなう。これすなわち不発育の葉にしてこれを鱗葉と称す。稈は円柱形をなして数多の節（すなわち箹（ヨウ））あり。節と節との間を節間といい、その内部はつねに多くは中空なり。節上に枝を出し、その枝は各節につねに一なるあり（例、ヤダケ、クマザサ、スズダケ等）、あるいは二なるあり（例、マダケ、ハチク、モウソウチク等）、あるいは多数なるあり（例、メダケ、シカクダケ等）。枝上に多く小枝を分かち、小枝の末稍に葉を着く。葉はたいてい常緑にして、冬月もなお緑なり。小枝の両側にあい並びて二列をなし、その形つねに狭長にして末尖り、辺縁糙渋す。種類によりて大小一様ならず。小なる者は一寸に出入し、大なるものは一尺に超ゆ。裏面、あるいは毛ありあるいはこれなし、一つの中脈その中央に縦貫し、数条の支脈その両側に平行し、その支脈の間、通常細脈横にこれをつなぎ、もって細微なる方眼状を呈す。葉は下に鞘ありて、その形狭長かつ小枝を包めり。鞘の頂に一鱗片をそなう。これを小舌という。小舌の両方に当たりて往々初め剛毛をそなうといえども、この毛はたいてい後にいたりて落ち去るがゆえに老葉にはこれを見ざるを常とす。

竹も植物の一なればついに花を出さざるの理なし。竹に花の出ること熱帯地方にありてはふつうのことに属すといえども、そのこれより高緯度の地方に生ずるものにありては、たとえよくその土に適して繁茂し、土地固有の産をなすといえども、容易に花を出さざるものあり。すなわちわが邦の竹のごときそのふつうに花を出すものはじつに僅々の種類にして、その他は容易にこれを出さず。そのこれを出すやこれ稀有の現象にして、吾人がその花に逢着するはじつに偶然のことに属す。中にはついに一回もその花を見ざるの品種あり。学問上竹の品種を定むるに当たり、その花最も必要なるについにこれに出会わざるがために、とうていその品を確定することあたわざるものありて、現今本邦の竹類はその学問上の名称ために大いに混乱せるもののあるを見る。また竹は年所を経れば必ず花さくものなるかというにあえて必ずしもしかるにあらず。ことに本邦の竹類にありてはその生じて籜を解きてより、ついに枯死に就くにいたるまで、その寿命を保つの間、たとえ幾年の星霜を歴るもついに花を出すことなくして止むもの少なからず。このごときの竹、ある機会に促されて一朝花を着くるにいたれば、あえてその稈の老幼に関せず、みなことごとく花を出し、満枝一つとして花ならざるなく、花終わりてその稈ついに枯死に就くもののひとしくみな然らざるなし。その花を出すの状態、他の植物に比してその不規則なる、じくに驚くにたえたり。

本邦にありてことに花を出すこと稀なる竹はマダケ、ハチク、モウソウチク、ヤダケ、ホウライチク、トウチク、ナリヒラダケ、カンザンチク、タイミンチクならびにオカメザサ等にして、そのいまだ吾人のついにその花を見たることなき竹はシカクダケなり。またときどき花を出すことあるものはメダケ、ハコネダケ、カンチク、スズダケ、チマキザサ、ネマガリダケ等なり。

竹の花はみな風媒花に属すること他の禾本諸草の花におけるがごとし。ゆえにその花に美色なく、また花粉に粘気なし。その花粉このごとき状態なるにより、風の動くにまかせて容易に散乱し、またその柱頭はその花粉を受くるに便せんがためにここにその体を長くし、かつその体を通じて毛を生じ、もってよく来たり落つる花粉を抑留するなり。

竹は既に前に述べしごとく、まったく禾本科の一なれば、その花の状もまた他の禾本諸草のものと異ならず、しかしてその花序はたいてい円錐状をなしてあい集まり、その花群すなわち花叢は竹の種類の異なるに従いて大小疎密ありてあえて一様ならず。今ここにまずメダケの花を示さん。第一図はその花叢なり。この花叢よりその花穂の一を取れば、すなわち第二図に示せるがごときものを得べし。すなわちメダケの花叢はこのごとき花穂のあい集まりてなれるを知る。

（第一図）

この花穂はメダケのものには下に小梗すなわち小さき柄あれども、他の種類によりてはまた柄なきものあり。また柄に長きものありてある種にありてはときに数寸の長さに達するものあり、この花穂は植物学上にてこれを小穂または

（第二図）

穂花という。小穂には第二図中の「ロ」に示すがごとく小軸と称する中軸ありて、その中軸の両側に互生して二列にあい並ぶものは、すなわちこれその花なり。小穂はすなわちこの花を集めてなるものにして、その花の数は竹の種類の異なるに従いて一様ならず、あるいは疎に並ぶあり、密接してつらなるあり。しかるにその小穂の最下にある二片はこれ花にあらずして単に鱗片なり。すなわち第二図中の「ホ」、「へ」これなり。今これを分離しもってその形状を示せば図中の「ハ」、「ニ」のごとし。これを苞穎と称し、その下なるを外苞穎といい、その上なるを内苞穎という。この苞穎はたいていその外は小にして、内は大なり、また種類によりてこの苞穎ただ一片のみなるあり。あるいはときに欠如して見えざるものあり。

花は第三図に示すがごとし。この花はまさに開綻せる状にして中より蕋を吐き出し、またその両片開けりといえども、花終わりたるときはその両片閉合し、すなわち第二図中「イ」なる小穂の上部に示せるがごとき形状を表わすなり。

花は図上に示すがごとく「イ」、「ロ」の両片よりなる。その「イ」はこれを花穎と称して外部

にあり、その「ロ」はこれを稃穎と称して内部にあり、今各別に分離してその状を示せば、すなわち第四図中の「イ」ならびに「ロ」のごとし。「イ」は花穎にして「ロ」は稃穎なり、しかしてその内方より見たる状を示す。「ハ」はこれを横截してもってその畳める状を明らかにす。

花穎はいずれの種類のものにありても縦脈ありて、その数は竹の種類の異なるに従い一定ならず。またその形状ならびに厚薄等もあい同じからずといえども、たいてい洋紙質、あるいは膜質をなし、しかして上端は尖るを常とす。また毛あるあり、毛なきあり。メダケにありてはすなわちその毛ほとんどこれなし。

稃穎はたいてい膜質をなし、その両縁、内に包み背部に二条の縦脊あるを常とす。この脊上にメダケにありては図上に見るがごとくいちじるしく毛を生ずれども、また他の種類にありては毛に多少ならびに長短あり、あるいはまったく毛なきものあり。

この花穎と稃穎とは果実すなわち穀粒の成熟するまでこれを保護し、ついに穀粒とともに落つ。

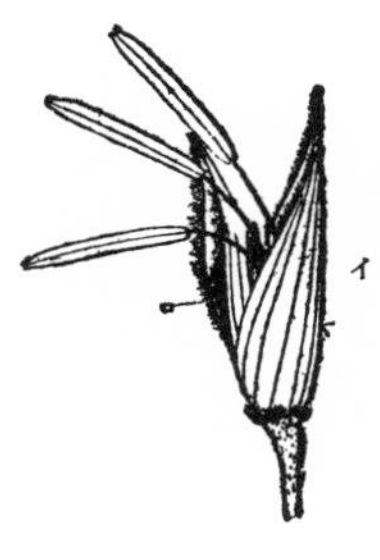

（第三図）

米の稃はすなわちこの花穎と稃穎となり。

花中の底には上の花穎と稃穎とについで小鱗片あり。すなわち第四図中の「ホ」これなり。ふつうの禾本にはこの小鱗の数多くはただ二片のみなれども、このメダケおよび多くの竹の種類にありてはたいてい常に三片あり。これを被鱗という。すな

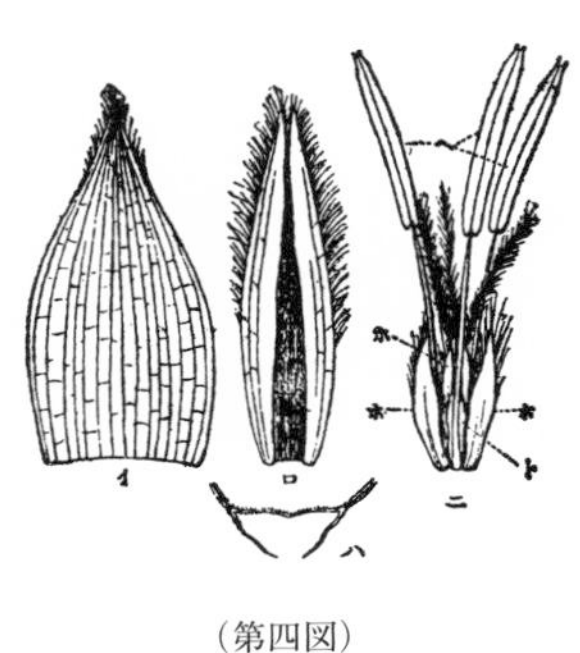

（第四図）

わち花被に相当すべきものなり。禾本類の花にありてはその花被みなこのごとく縮小して小鱗片となり、もって花底に潜めるなり。

この被鱗についで存せるものを雄蕊とす。すなわち第四図「ニ」の「ヘ」に示すがごとし。この雄蕊は被鱗と互生す。これよろしく注意すべきの点なり。メダケにありてはこのごとく三個の雄蕊あれども、下に示すところの他の竹類にありては中には六個のものあり。竹はあるいはなおこれより多くの雄蕊を有するものまたなきにあらずといえども、たいていは三個もしくは六個にして、ことに本邦の竹類は三個を有するにあらざれば必ず六個を有するなり。雄蕊には花糸ならびに葯をそなうることふつうの花に異なることなし。しかしてその花糸はみな糸状をなして弱く、種類によりて長短あり。葯はつねに線形にして黄色を呈し、他の禾本諸草のごとく丁字ようを成さずしてその底部をもって花糸に連なれり。

雄蕊についで花の中央に雌蕊一個あり。すなわち第四図「ニ」の「ト」のごとし。諸種の竹みなしかり。その下部放大せる所は子房にして、その形小に、後穀粒をなすところのものなり。ゆえに穀粒は種子にあらずして果実なり。果実の皮はすなわち糠なり。他のふつうの禾本類みなしからざるなし。ゆえに玄米は果実にして種子にはあらず。白米は搗きて果実の皮とともに種子の皮をもあわせ除きたるなり。ときに胚もまた去りてただその胚乳のみ残れり。吾人はこの胚乳を炊きて、飯となし食ってもって生命を維持しつつあるなり。

またメダケの子房の上には花柱三個ありて、あい合して一となり、その上部まったく三条に分れて柱頭をなし、柱頭には毛を生じて羽毛状を呈し、すでに前に述べしごとく、もって花粉を抑留するために便なる装置をなせり。メダケにあってはすなわちこのごとく三個の柱頭を有すれども、また種類により二個のものあり。しかれどもたいていは三個のもの多し。

メダケに最も近き縁を有するものにはハコネダケあり。この竹はメダケより小にして相州箱根山近辺に最も多し。ゆえにハコネダケという。その稈は煙管の羅宇あるいは壁の骨などに使用する最も多し。すなわちメダケについで有用の竹なり。この竹はメダケの姉妹種なれば、その花の状ほとんどまったくあい同じ。すなわち第五図に示すがごとし。

（第五図）

カンチクはまたよく花を生じ、かつ実を結ぶ。その属メダケに相近けれども筍は二月に生じ、稈は節短し。その円錐花叢は疎にしてその小穂は数少なく、かつ狭長なり。花はメダケよりは一層細小にして、かつまばらに小軸の両側に互生し、その色紫を帯ぶ。花穎稃穎に毛なく、し

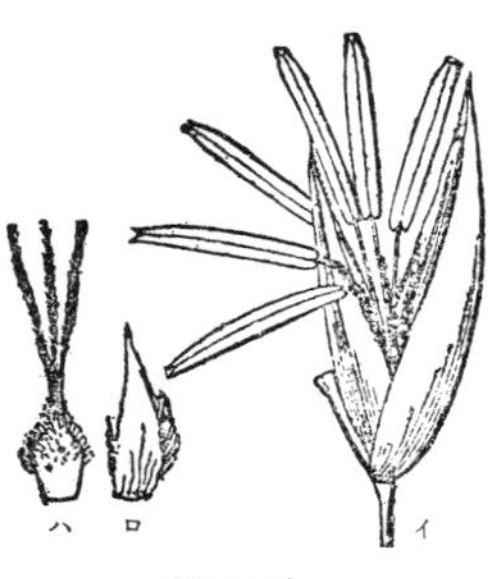

（第六図）

かして花中に三雄蕊あり。柱頭はことに二個あり。次にホウライチクの花を示さん。この竹は日本の中部以南の地に繁茂し、つねに栽培せらる。しかして往々籬となせり。土佐にて土用竹という。その根茎短きがためにその稈は一所に叢生し、あえて遠く鞭を引くなし。その稈は火縄を製し、その葉はすこぶる美なり。裏面ことに白色を帯ぶ。この竹の花はつねに見るを得べからざれどもときにこれを出すことあり。その小穂は不整に相集まりその花メダケよりは大にして今これを拡大して示せばすなわちその状第六図中の「イ」のごとし。花穎および稃穎に毛なく、また花中に六雄蕊ありてメダケの三雄蕊なると同じからず。子房には上部に短毛あり。第六図中「ハ」のごとし。被鱗は三片ありて花中に潜む。今その一片を拡大してこれを示せば、すなわち同図中の「ロ」のごとし、この竹の一品にホウオウチクあり。葉小にしてはなはだ可憐なり、また籬とす。吾人はいまだこれが花を見ずといえども、その状けだし必ずホウライチクのごとくなるべし。

ここに台湾産なる刺竹の花を示すべし。すなわち第七図「イ」のごとし。この竹は同島にあって大竹をなし稈ははなはだ高し。土人は住家の周囲に栽えて保障となす。その下部に横出せる枝には刺あり。刺はすなわち小枝の短縮せるものにして多少逆向し、人衣を拘してはなはだ煩わし。

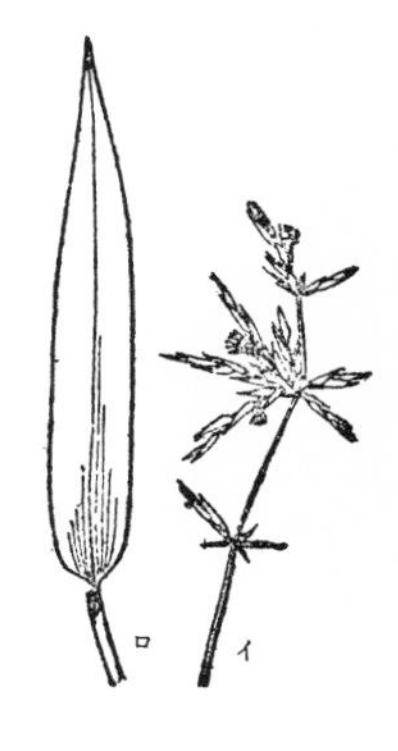

（第七図）

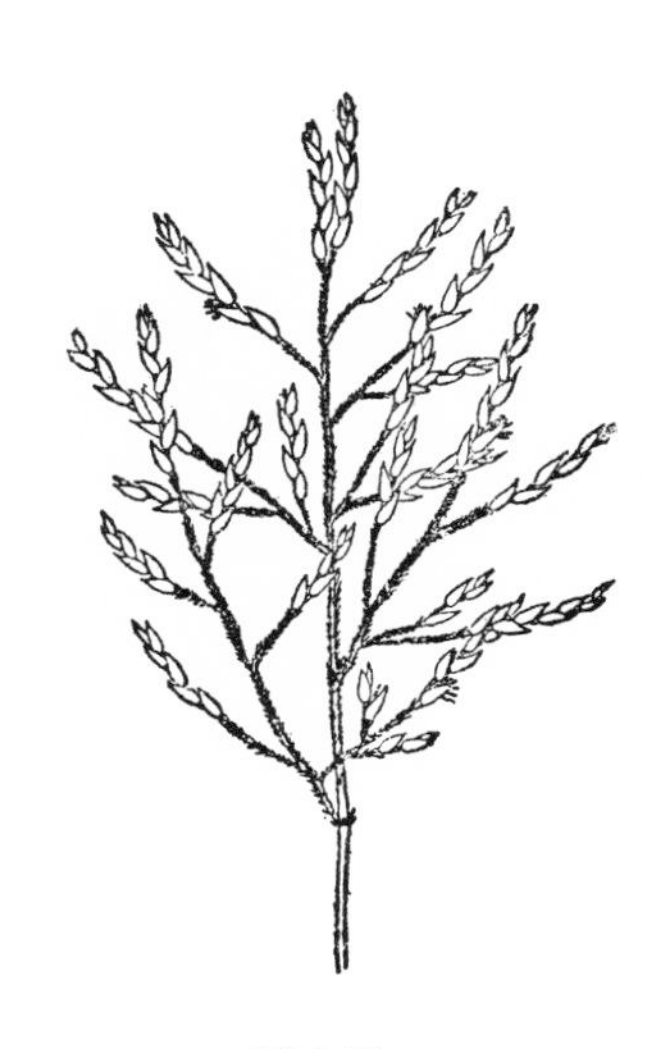
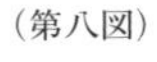

（第八図）

このごとき刺あるの竹は熱帯地方には珍しからずといえども、日本の内地にはいまだこれを見ず。この台湾産の刺竹は植物学上にては新しき品にして、その学名のごときは発見後はじめてできしなり。すなわち「バンブサ・ステノスタキア」という。図中「ロ」はその葉の一なり。

次にクマザサの花を示さん。第八図すなわちこれなり。クマザサは一にヤキバザサという小竹にして本邦あまねくこれを産す。その葉縁枯白するによりいちじるし。ゆえにクマザサという。クマザサとは隈笹の義にして熊笹の意にあらず。この品よく松樹に伴いて画中に見るところなり。その花は図上に示すがごとく疎々たる円錐状をなし、その小穂には小梗をそなう。花は小穂上に疎着し、苞穎は微小なり。今その花の一を拡大して示せば第九図「イ」のごとし。花中に六雄蘂ありて、花穎ならびに稃穎の内部に出づ。

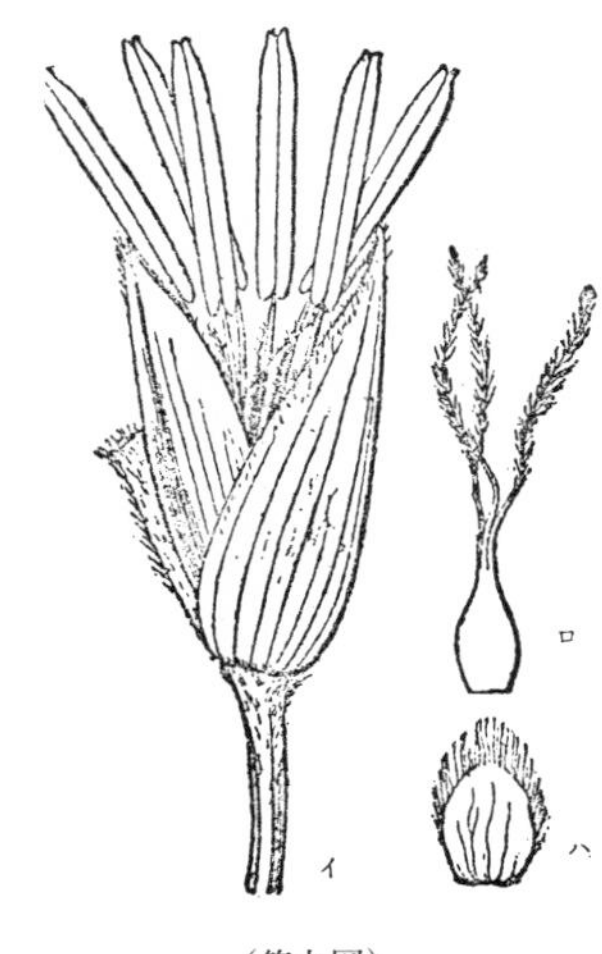

（第九図）

同図中「ロ」は雌蕋の全体にして「ハ」は被鱗の一なり。

日本中部以北の深山中にチマキザサと称する笹あり。その葉最も闊大にして本邦内地産の竹類中最も大形の葉を有するものなり。越後高田より飴を包みて出すはこの笹の葉なり。この種の花はクマザサとほぼあい同じ。またネマガリダケあり。越後にてヂンダケという。その筍は美味なり。シャコタンチクもまたネマガリダケの一品にしてその稈に斑紋あり。内地産クマザサの稈に斑あるものは、これをシャコハンチクという。

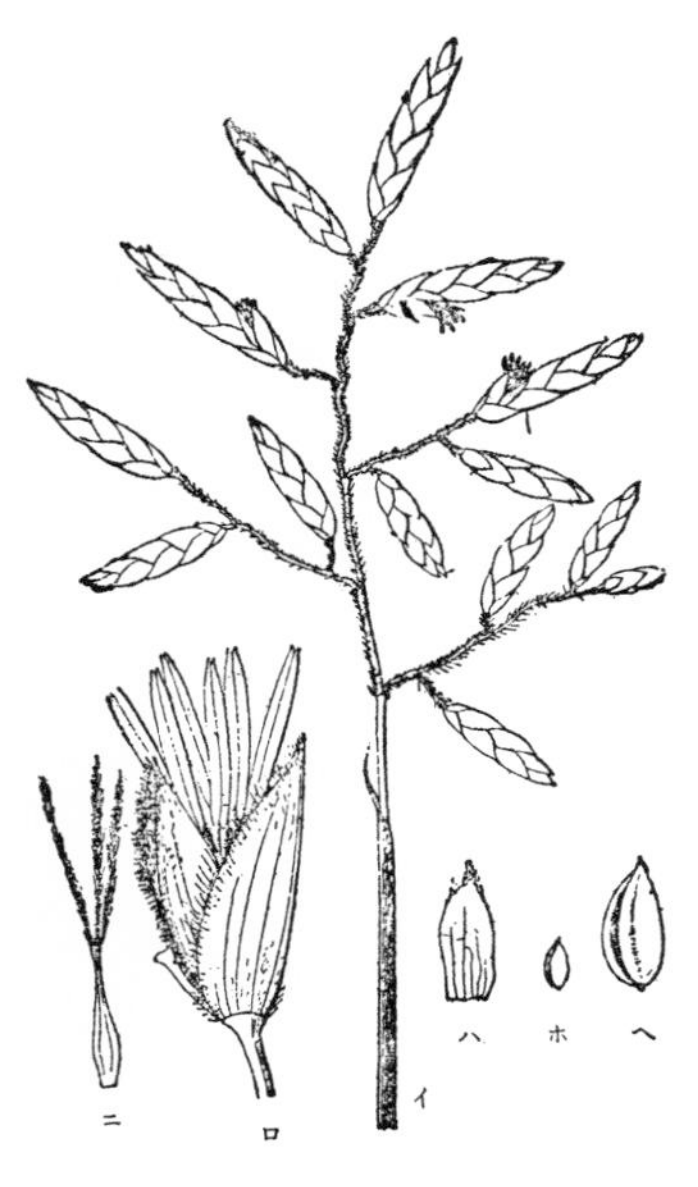

（第十図）

第十図はスズダケ一名ミスズの花なり。この竹は南は九州より北は北海道にわたりて産し、古来有名の笹

なり。ことに信濃の産名あり。これ古歌に出ずるによるなり。その稈は編みて敷物とし、また竹行李に製す。よく果実を結ぶ。すなわち竹米にして往々収穫多し。山民貯えて食料に当つ。その穀粒の状、図中の「ホ」のごとし。その「ヘ」はこれを拡大して示したるものなり。花序の相貌は図中「イ」に示すがごとし。その小穂は前記のクマザサと異にして、その花互いに相接近し外よりその小軸を見るべからず。花色紫にして下に二片の苞穎あり。その花は図中「ロ」に示すがごとく六雄蕊ありて、花穎、稃穎の内部より出づ。雌蕊は図中「ニ」にその全形を示し、被鱗は「ハ」にその一を示せり。

（第十一図）

次にマダケすなわち苦竹の花を示さん。すなわち第十一図および第十二図これなり。

マダケは大竹にしてハチク、モウソウチクと並び称して三大竹と名づくべし。しかしてその花は容易に見るを得べからずといえども、また時にこれを出すことあり。その花咲くときはその稈は花後ついに枯死し、その根茎すなわち鞭は大いにその勢力を減殺せられ、また大形の竹稈を生ずることあたわず。ゆえにこのごとき場合には植物家に向こうてはまことに天の賜なれども、竹林主は大いに損失あるを免れず。ゆえにこのごとき竹に花を着くるにいたれば竹林主は往々断じてその竹林を剿（しょう）絶することあり。

マダケの花は図上に示すがごとくその円錐花散漫せずして緊縮し、その外部には苞をもってこれを擁し、その苞には頂端に卵形の葉をそなえてその状また人目をひくに足る。その小穂は第十三図中「イ」に示すがごとく通常三個の花より

（第十二図）

なり、その花は同図中に「ロ」に示すがごとくほとんど円柱形をなし、もってその花穎はその稃穎を包めり。今その花穎を拡大して示せば第十四図中「イ」のごとし。また同図中「ロ」は稃穎にして内部に雌雄両蕋ならびに三片の被鱗を擁するを見る。雄蕋はいちじるしく長くして、遠く花外に超出し、花糸は糸状をなし、その葯は黄色にしてその形大なり。すなわち本邦産竹類中の最大なる葯をなす。雌蕋は三個の羽毛状柱頭と一個の花柱とを有す。その子房は図中「ニ」に示

（第十三図）

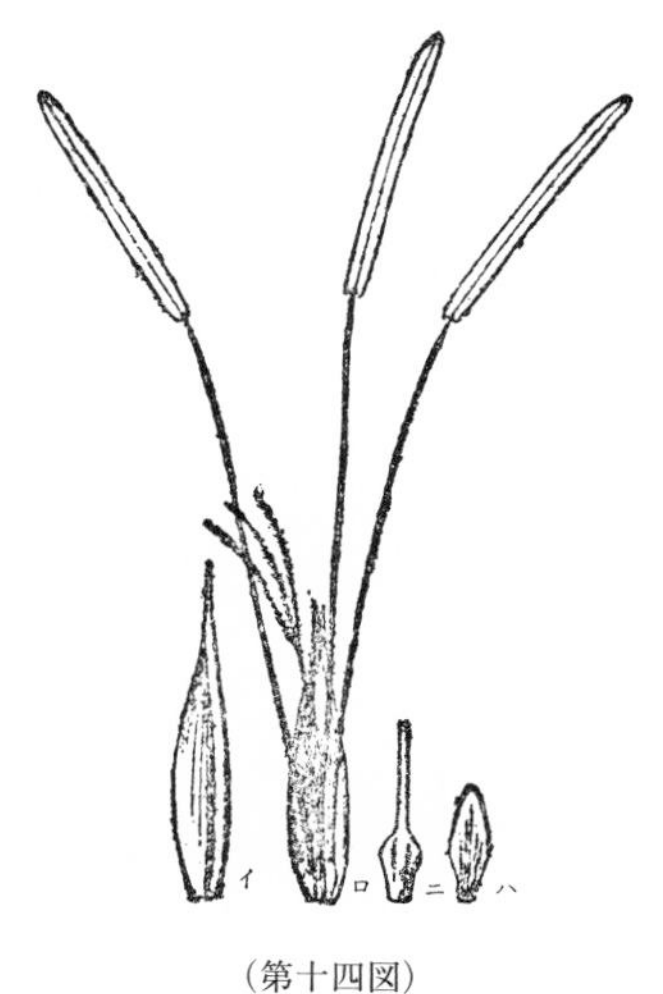

（第十四図）

すがごとし。すなわち上に花柱の下部を伴えり。「ハ」はすなわち被鱗の一を示すなり。

第十五図に示すものはハチクすなわち淡竹の花なり。ハチクの花状はマダケとは大いに趣を異にし、その円錐花叢は短くして小箒状に簇集し、苞ありといえども小形にしてその苞頭の小葉またはなはだ細小なり。小軸は図中「ロ」に示すがごとくはなはだ長からずして、小穂その両側に互生せり。花は第十六図「イ」に示すがごとくその体上に毛をかぶり、花穎は図中「ロ」のごとき状をなし、稃穎は「ハ」のごとく、しかして下に雌雄両蕋ならびに三片の被鱗を擁せり。雄蕋は三個ありて穎外に超出し、柱頭は三個ありて羽毛状をなす。「ホ」は花柱ならびに子房を示し、「ニ」は被鱗の一を示す。クロチクはハチクの一変種なり。その稈黒色を呈するをもっていちじるし。その花たまに開く。その状第十六図の右端に見るがごと

（第十六図）

（第十五図）

し。見るべし、ハチクの花と同状貌を呈することを。オカメザサと称する小竹あり。一に五枚ザサ、ブンゴザサ、メゴザサというとおり、体小なりといえどもその属するところはまさにマダケ属にあり。すなわち一は凌雲の大竹にして、一は矮形の小竹なり。しかしてその属を一にす。奇というべし。このごとき大小あい懸絶せる品を取りてこれを一属に収む、その証とすべきは花にあり。花の竹類検査に至要なる、もってみるべし。第十七図はすなわちオカメザサの花を示す。その集簇せるの状ほぼハチクに似たり。

　次にきわめて稀有なるモウソウチクすなわち孟宗竹の花を示さん。すなわち第十八図これなり、第十九図「イ」にその花を示す。「ロ」はその花穎なり。「ハ」は稃穎の雌雄両蕋ならびに三片の被鱗を擁せるなり。「ホ」は雌蕋の全体、「ニ」は被鱗の一なり。その状態みな図上に明らかなり。その円錐花はまた散漫ならずして緊縮すといえどもハチクの花のごとくならず。むしろマダケの花に類似するところあり。その苞に有する小葉は小形狭長にしてマダケのごとく大形ならず。上述マダケ、ハチク、クロチクの花は予いまだそのよく果実を結びたるを見ず。これまことに怪しむべし。しかもその雌雄両殖器の状態は完全にして、あえて欠けしところなし。このこといささか学者の研究すべき問題となすに足る。

以上記するところによりてもって竹の花とはそれいかなるものたることほぼ分明となりしならん。これらの諸種は本邦にありて主なる竹の種類に属し、なおこの他に花を出すものまたこれなきにあらずといえども、煩を厭うてここに出すにおよばず。かつ上に記したる花について充分これを了得し、もって新たに逢着せるところの花を観察せば、すなわちそのこれを考究するうえについてあえて躊躇することなかるべきなり。

（第十七図）

竹の花にあってはその雄蕋の数はその最も注意すべき要点にして、これに基づきもってその分類上の位置を定むるを得べきものあり。すなわち今本邦の竹についてこれをいうときは、その雄蕋六個あるものはこれみな刺竹属すなわち Bambusa 属をなし、その三個あるものはすなわちまさに他

（第十八図）

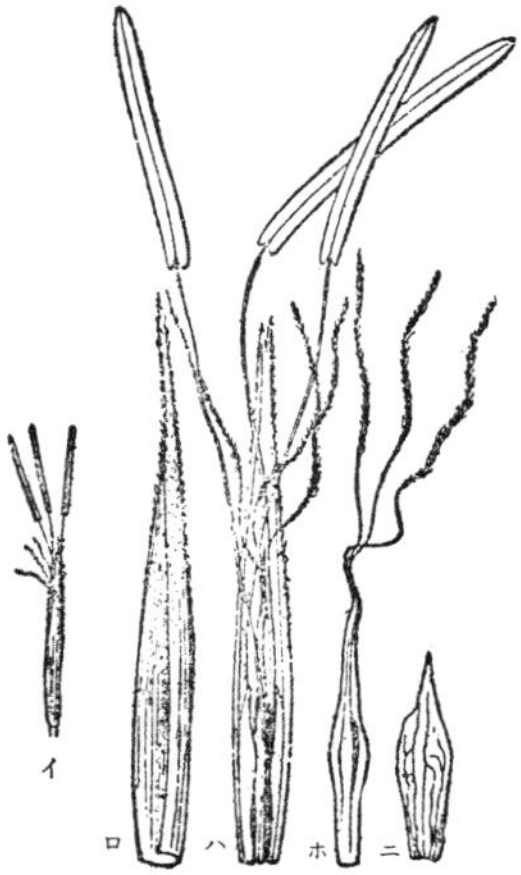

の二属をなす、マダケ属すなわち Phyllostachys 属、ならびにメダケ属すなわち Arundinaria 属これなり。メダケ属はその小穂に多数の花を有し、マダケ属はその小穂に三もしくは四個の花をそなう。これその両属区別の要点なり。

（第十九図）

本邦の竹は今日吾人の知るところをもってせば、ただ台湾産なる麻竹一品を除くの他は上の三属に配するを得べし。すなわち左のごとし

第一　刺竹属に属するものは

○クマザサ○ネマガリダケ○チマキザサ○スズダケ○チシマザサ○ホウライチク○タイサンチク○刺竹　等の諸品

第二　メダケ属に属するものは
○メダケ○ハコネダケ○カンチク○ヤブシノ○チゴザサ○カムロザサ○ヤダケ　等の諸品
第三　マダケ属に属するものは
○ハチク○マダケ○モウソウチク○オカメザサ○クロチク　等の諸品
台湾産麻竹は、麻竹属すなわち「デンドロカラムス」と称する一属に属する。

予は初め世界の竹類を四族に大別すべきをのべたり。今刺竹属、メダケ属、マダケ属ならびに麻竹属を取ってもってこれに配せば、すなわち次のごとし。
(一)　女竹族——メダケ属、マダケ属
(二)　刺竹族——刺竹属
(三)　麻竹族——麻竹属
(四)　メロカンナ族——
〔補〕　右の文章以後今日にありては竹類の研究大いに進歩し、したがって新属新種の発表せられしもの最も多く、旧来の説の訂正せられたるものまた少なからず。

竹類を独立の科、すなわち竹科とし、禾本科外に分置することには予これに賛せず。

(『植物記』より)

茉莉花

茉莉花は元来梵語 Mallica(マリカ) = Mallika(マリカ) = Mullika(ムリカ) = Mulika(ムリカ) の音訳字であるから、その字面には別になんの意味も持っていない。ゆえに人によってそれが末利、茉莉、末麗、抹麗、抹厲、抹利、没利、木麗、磨利、あるいは摩利と任意に書かれている。また梵語にはさらに Asphota(アスフオタ) あるいは Saptara(サプタラ) の名もある。仏書(ぶつしょ)ではこれを鬘華というとある。すなわちこれは頭の鬘(かつら)の飾りにするからである。

わが邦ではこれをモウリンカとも、モリンカとも、モレンカとも、モリカとも、モレンとも、モウレンとも、モリとも、またはマリともあるいはまたマリカとも呼ばれるが、これらは多くは茉莉あるいは茉莉花の唐音の転訛したものである。和刻の『花暦百詠』の書へ、曽槃が「百花和称記」を付し「茉莉、琉球土名、モリンクハ、是即唐音、モヲリー之転訛也」と書いている。

今日支那では茉莉を Mo li(モリ) とも Moh li(モーリ) とも、また茉莉花を Mo li hua(モリフア) とも Moh li hwa(モーリフワ) とも呼ばれている。

昔、今から三百三十六年前の慶長十七年(1612)に林道春が『新刊多識編』において、「茉莉今案左加也末比久佐」と書いているが、この和名としてのサカヤマヒグサのサカヤマヒとは酒（サカ）病（ヤマイ）の意で、それはひどく酒に酔いて病気になることである。道春はなんの根拠に基づいてこんな変な和名を茉莉に対して作ったのか。

わが日本の書物で初めて単にこの茉莉の名称を著わし、かつこれに前記のごとく酒病草（サカヤマイグサ）なる和名を付けたのは上の『新刊多識編』だが、ただしその茉莉の解説を書いたものは、まず今から二百三十九年前の宝永六年（1709）に発行になった貝原益軒の『大和本草』であるが、この書では茉莉をチャランと間違え「近年異邦ヨリ来レル茶蘭ナルベシ」と書いている。けれどもそれは決してチャランではなくてまさしく茉莉そのものであることは、同書付録の「諸品図」中にある図がそれを証明している。もしも益軒がこの図を出しておかなかったならば、この書で指すところの植物は果してチャランか、果して茉莉か、その文だけではいっこう読者に分からずすんだであろう。ゆえにこの図はそれを決する左券となるものではなはだ貴重なものである。

次いで正徳五年（1715）に出版した寺島良安の『倭漢三才図会』には茉莉を「まり」とし、そこにはただ漢籍の抜き書きばかりしてあるにすぎない。

この茉莉花が初めて琉球からわが邦に伝えられたのは、今から三百三十九年前の慶長十四年（1609）であった。すなわち小野蘭山口授の『本草記聞』〔牧野いう、今ここでは同じく蘭山口授の『本草訳説』を参酌してこの『記聞』へ補記した。また今読みやすいために送り仮名を補い、さらに句点をも入れた〕に茉莉、モリン花　モウリン花　モレン花　今ニテハ琉球ヨリ来ル、モト番産ナリ、大和本草ニ茶蘭トアルハ誤也、茶蘭ハ金粟蘭也、又珍珠蘭ト云フ汝南圃史、大和本草ニ云ヘルハ未ダ世上ニナキ時ノコト也〔牧野いう、これはすべからく「未ダ世上ニ稀ナ時ノコト也」と書くべきである〕、慶長十四年〔牧野いう、白井光太郎博士の『日本博物学年表』には慶長十九年と出ているが、これはけだし『記聞』『訳説』の方が正しくはないか〕、島津家久茉莉ト仏桑花トヲ東照宮（大神君）〔牧野いう、徳川家康〕へ献ジタルコト忠家日記十九巻ニアリ、此時初メテ本邦へ渡ル、沢山ニ来リタルハ近比（チカゴロ）ナリ、宝暦年中頃ナリ、京〔牧野いう、京都〕ニモ多シ、寒気を恐ルル故枯レ易ク持チガタシ、ナレドモ外ノモノヨリハ持チヨシ、高サ二尺斗リ大ニナラズ、一尺斗リナルニモ花付ク、茎柔ニ蔓草ノ如シ、葉ハ金粟蘭（チャラン）ニ似テ円ク尖アリ、歯ナク蔓荊（ハマガウ）葉ニ似テ背白カラズ、又尖レルモアリ、葉少シ毛茸アリ、両対ス、花ハ本邦ニテハ初夏ニハ開花セズ、夏以後茎末葉間ニ花アリ、始メ白ク後変ジテ黄ニナリ金銀交リ咲ク、大キサ五分程アリ、単ニシテ山巵子（クチナシ）ノ花形ニ似テ甚ダ香気アリ、深秋マデ花アリ、追々ニ咲ク、花地ニ落チテ損ゼズ、故ニ婦人ツナギテ飾ニスル也、花ハ八重ト一重トアリ〔以下省略する〕

なお小野蘭山の『本草綱目啓蒙』には

茉莉　モウリンクハ薩州　モレン花　モリ花三名ミナ唐音ノ転ナリ〔牧野いう、この書に挙げてある漢名の一名は省略した〕、今ハマリト呼、琉球ノ産ナリ〔牧野いう、元来は琉球の原産ではない〕

慶長年中ニ始テ来ルト云、京師〔牧野いう、京都〕ニハ宝暦ノ頃ヨリ流布ス、円葉対生シ蔓荊（ハマガウ）葉ニ似テ背白カラズ、夏秋ノ交リ枝ノ端ゴトニ花アリ、単弁ニシテ梔子（クチナシ）花ノ形ニ似テ大サ銭ノ如ク五弁ニシテ香気多シ、色ハ白ク後黄ニ変ズ、又千弁ナルモノアリ、総テ申ノ刻〔牧野いう、今の午後四時〕ニ花開テ朝ハ必ズ落ツ、倶ニ霜雪ヲ畏ル、秋後土窖ニ蔵シテ護養スベシ

とあって、この書の原稿本、すなわち上の『本草記聞』、『本草訳説』の両書と同一な点が多い。

また同じく小野蘭山口授の『秘伝花鏡啓蒙』には

茉莉　モリ　モレン　モウレン　マリ　白花日暮ヨリ夜中ニ開ク者、舶来アリテ今栽ル也

と簡単に出ている。

さらにまた小野蘭山の『大和本草批正』には

茉莉　今漢種多シ〔牧野いう、ここの漢種というものは支那から渡来したものと了解せばよろしい。この茉莉は元来支那の産ではないから、したがって同国に野生品はない。ただあるものは外来の培養品のみである〕、甚ダ寒ヲ怯ル、昔モウリンクハト云今ハマリクハト云、並ニ唐音ノ転ナリ、葉円ニシテ長サ一寸許、対生ス、マンケイシ〔牧野いう、蔓荊子、すなわちハマゴウである〕ノ葉ニ似テ白毛ナシ、秋枝上ニ三リンヅヽ花サク、大サ銭ノ如ク色白ニシテクチナシノ如シ、香気アリ、七ツ頃〔牧野いう、七ツは今の午後四時である〕ヨリ開キ翌朝ニハ葩落テアリ山茶（ツバキ）ノ如ク全葯〔牧野いう、全花のこと〕一緒ニ落ツ、単葉千葉アリ、花ヲ干セバ黄色トナル

と叙してある。

以上が主だった邦書に書いてある茉莉の説明であるが、次に支那の書物にあるものを紹介してみよう。

支那でいちばん早くこの茉莉を書いた書物は、今から千四百十六年前の永興元年（532）に公になった嵇含の『南方草木状』であるが、しかしその文はいたって簡単で、すなわち

末利（按ズルニ茉莉ト同ジ）末利花ハ薔靡（牧野いう、薔薇のこと）ノ白キニ似テ、香ハ耶悉茗ニ愈レリ（漢文）

である。しかるに同書ではさらに耶悉茗（牧野いう、これはヤスミンで素馨を指している）の項があってそれに末利花が合説してあるから、今ここにその文を併記してみよう。すなわちそれは

耶悉茗、末利花ハ皆胡人ガ西国ヨリ南海ニ移植セリ、南海ノ人其芳香ヲ憐レミ競イテ之ヲ植エタリ、陸賈ガ南越行記ニ曰ク、南越（牧野いう、南越は今の広東、広西二省の地でまた南粤とも書いてある）ノ地境ハ五穀ニ味ナク百花香シカラズ、此二花特ニ芳香ナルハ胡国ヨリ移シ来タレルニ縁レドモ水土ニ随イテ変ゼザルカ、夫ノ橘ガ北シテ枳トナルト異ナリ、彼ノ女子ハ綵糸ヲ以テ花心ヲ穿チ以テ首飾トナス（漢文）

である。

今から三百七十年の前、明（ミン）の萬暦六年（1578）に完成した（出版はその後である）李時珍の『本

草綱目』茉莉の条下には

　時珍ガ曰ク、末利ハモト波斯〔牧野いう、ペルシア〕ニ出デ、移シテ南海ニ植エ、今滇広〔牧野いう、滇は雲南省の地、広は広州で今は広東、広西の両省に分る、いわゆる南越の地である〕ノ人之ヲ栽蒔ス、其性寒ヲ畏ル、中土ニ宜シカラズ、弱茎繁枝、緑葉団尖、初夏ニ小白花ヲ開キ重弁ニシテ蕋ナシ、秋尽シテ乃チ止ミ実ヲ結バズ、千葉ナル者、紅ナル者、蔓生スル者アリ、其花皆夜開キテ芳香愛スベシ、女人穿チテ首飾ト為ス、或ハ面脂ニ合ス、亦茶ヲ薫スベク或ハ蒸シテ液ヲ取リ以テ薔薇水ニ代ウ

と出ている。

今から二百六十年の前、清の康煕二十七年（1688）わが元禄元年に梓行せられた陳淏子〔陳扶揺〕の『秘伝花鏡』には

　茉莉、一名ハ抹利、東坡ハ名ヅケテ暗麝ト曰ウ、釈名ニハ鬘華トアル、モト波斯国ニ出ヅ、今多ク南方ノ暖地ニ生ズ、北土ニテハ柰ト名ヅク、木本ノ者ハ閩広〔牧野いう、閩は福建省の地、広は広東、広西二省の地〕ニ出ヅ、幹ハ粗ニシテ茎ハ勁シ、高サ僅カニ三四尺、藤本ノ者ハ江西ニ出デ弱茎ニシテ叢生シ長サ丈ニ至ル者アリ、葉ハ茶ニ似テ微シク大ナリ、花ニ単弁重弁ノ異アリ、一種宝珠茉莉ハ花ハ小荷〔牧野いう、小さき蓮花のこと〕ニ似テ品最モ貴シ、初メ蕋ク時ハ珠ノ如シ、毎ニ暮ニ至リテ始メテ放ケバ則チ香一室ニ満チ清麗ナルコト人ニ可ナリ、

嫩枝ヲ摘ミ去リ、之ヲシテ再ビ発セシメバ則チ枝繁ク花密ナリ、（中略）、又聞ク閩広ニ一種紅黄二色ノ茉莉アリト、ワレ実ハ未ダ之ヲ見ザレドモ想ウニ亦得易カラザル物ナリ

とよくその性状が書かれてある。

佩文斎の『広羣芳譜』には

モト波斯ニ出デ、移シテ南海ニ植ウ、丹鉛録ニ云ウ、北土ニテ柰と名ヅク、晋書ニ都人柰花ヲ簪ニストアルハ是レナリト、則チ此花中国ニ入ルコト久シ、弱茎繁枝、葉ハ茶ノ如クニシテ大キク、緑色団尖ナリ、夏秋ニ小白花ヲ開ク、花皆暮ニ開キ其香清婉柔淑、風味殊ニ勝レタリ、云々

とあり、そして同書に採録しある詩の中には、左の三首の七言絶句もある。

茉莉名佳花亦佳、遠従二仏(ブツ)国一到二中華一、
老来耻レ逐二蠅頭利一、故向二禅房一覓二此花一。

霊種伝聞出二越裳一、何人提挈上二蛮航一、
他年我若修二花史一、列作二人間第一香一。（牧野いう、越裳は安南にある地）

一卉能薫一室香、炎天猶覚二玉肌涼一、
野人不三敢煩二天文一、自折二瓊枝一置二枕傍一。

又『八閩通志』には

茉莉ハ夏ニ白花ヲ開ク、妙麗ニシテ芳郁ナリ、此花ハ惟閩中ノミニ之アリ（牧野いう、閩中のみならず広く広の地などにもある）、仏経ニ之ヲ末麗ト謂ウ、蔡襄ガ詩ニ云ウ、団円茉莉叢、繁香暑中拆

と記してある。

さて上に収録したほか、なお支那の典籍の『三才図会』、『花史左編』、『五雑俎』、『汝南圃史』、『嶺南雑記』、『華夷花木鳥獣珍玩考』、『閩書、南産志』、『広東新語』、『増補陶朱公致富全書』、『漳州府志』、『八種画譜』、『花暦百詠』、『閩産録異』、『福建物産志』、ならびに『植物名実図考』等の諸書に茉莉が載っている。

以上で主なる和漢書に掲げられている茉莉の記述を抄出して並べてみた。すなわちこれで支那、日本の古人がこの植物についてどのように、かつどのくらいに書いているのかが分かったのであろう。

元来茉莉花はヒイラギ科すなわち Oleaceae のものであって、その科中の著明な一属 Jasminum（素馨属）に属し、その学名を Jasminum Sambac *Soland.* と称する。ただしそのもとの旧名は *Nyctanthes Sambac* L. であった。また *Mogorium Sambac* Lam. の異名もある。そしてその種名となっている Sambac はペルシァの土名だと言われる。インドにはチャンバとか、ムーグラとかあるいはビートとかの土言がある。西洋では俗に Arabian Jasmine（アラビアン ヤスミン）と呼ばれている。

この茉莉花は元来インドとビルマとの原産であるが、今は世界の各地に拡まり東西両半球の熱帯地に多く培養せられているが、それはもっぱらその花に佳香があるによるからである。インド半島ではどこの林の地にもふつうに野生しているが、また一般には庭園に植えられている。インドではこれに三変種があって、一つは単弁花の品、一つは重弁花の品、また一つは重弁大形花の品である。これらは主として炎熱時の雨期間にさかんに花が開くのだが、しかしその花は年中咲き続いていないときはない。実が熟すると鳥が来てそれをついばみ食い、その種子を地面に散布し、それがそこここに萌芽して苗が生長するのである。

ムラサキモウリンカすなわち紫花茉莉花があって、明治の初年にわが邦に渡来した。花は重弁で紫色を呈している。すなわち Jasminum Sambac *Solaad.* var. purpureum *Makino*（Flowers purple）である。

次に茉莉花、すなわち Jasminum Sambac *Soland.* の植物学的記載文を書いてその形状の委細を示そう。

茉莉は常緑の攀縁灌木であってその幹、その枝は木質である。小枝には稜を有し細毛がある。皮は経年のものは糙渋する。葉は短き葉柄を有する単葉で、托葉なく枝に対生しあるいは稀に三葉輪生することもある。長さは八分ないし二寸五分ばかりもある、円形、楕円形、卵形、広卵形、あるいは波縁の長楕円形をなし、全辺、あるいは時に鈍鋸歯がある。葉末は尖頭もしくは鈍頂鋭尖頭で、葉本は円形、楔形、あるいは心臓形を呈し、嫩時を除いては無毛平滑で光沢がある。葉質は硬くて薄く、葉脈は葉の裏面に隆起し、あるいは毛があり、あるいは毛がない。その中脈は四ないし六対をなせる明らかな支脈を分かち、その腋に絨毛束をそなえていることが葉裏において見られる。葉柄は長さ二分ばかりあって上の方に向かって曲がっており、中央より下の方に節がある。花は白色の合弁両性花で精絶な芳香を放ち、一般に小形で枝端に頂生せる両岐聚繖花序をなし、三ないし十二花を着く。ただし栽培品にあってはさらに多数の花を綴っている。花序には細毛があり、小梗は無柄あるいは二分長で苞は細小、線形である。萼は緑色、小形で合片萼をなし、その筒部は漏斗形となり、萼縁は宿存する五ないし九裂片を有し、裂片は萼筒部よりは長く花冠筒部のおよそ半長ありて長鍼形を呈し、あるいは有毛あるいは無毛である。花冠は高脚盆形、筒部は長さ四分余、花冠裂片は数片あって覆瓦襞をなし、その各片は長楕円形で鋭頭あるいは鈍頭を有し、培養品ではあるいは円形を呈する。雄蕊は二個で花冠の筒部内に閉在し、筒部に着生しており、その花糸は短く、葯は長楕円をなし二胞で内向する。雌蕊は一個で花中に直立する。子房は上位で独在し、二室を有し、客室に二卵子をいれてそれが室の底部近くに着生している。花柱は単一なる円柱形で、その放大せる柱頭は分裂して二線形を呈している。果実は不開裂の球形漿果で、ほぼ直立せる鍼形の宿存萼裂片に囲まれており一ないし二顆があり、平滑多汁、熟する時は光滑で美麗な黒色を呈し、その各室には直立せる一つの種子をいれている。種子は漿果と同形で単種皮をかぶり、胚乳はこれなく、胚は直立し、子葉は種子と同形で、小形なる幼茎は内生している。

右にてその詳細な記載は終わったから、最後に茉莉花植物に対する効用についていささか述べてみる。

茉莉の葉を油で煮るときはバルサムを滲出する。このバルサムは人が眼病にかかった際にこれを頭に塗るのであるが、そうすると眼の視力を強めるといわれている。またその根からしぼった油を薬用に供することがある。花はインドで通常ムーグリーと呼ばれ、毘湿奴神（ゲイシュヌー）に捧げられる信仰の習俗がある。また茉莉花は乳の分泌を阻止する強力な止乳薬となして用いられる。すなわち出産の場合あるいは膿腫の兆ある場合に、乳の分泌を抑止するに効がある。この目的のために湿さずに揉みつぶした花の二摑みか三摑みぐらいを各乳房に伝える。そして一日に一回か二回、新しいものと取りかえる。そうするとふつう一般ではそれを止めるに二日もしくは三日も要するものが、ときとするとおよそ二十四時間でそれを停止せしめ得ることもある。また花には揮発油を含んでいるので、この花から採られたヤスミン精油は香料として賞用せられる。そしてこの製造原料としてのその茉莉花を採り集めるには、夕刻花のほころびる直前においてするのが最もよろしい。

金平亮三博士の『台湾樹木誌』によると、茉莉花の条下に

本島人ハコノ種類ヲ二ツニ分類シ、単弁ノモノハ六葉白ト云ヒ重弁ノモノヲ百葉的ト称ス。共ニ包種茶〔牧野いう、香気ある乾した花を入れた紅茶の名〕の原料トシテ使用ス

と書いてある。

（『続牧野植物随筆』より）

タイサンボクは大盞木である

タイサンボクとはモクレン科の常緑樹である *Magnolia grandiflora L.* の和名で、これは明治の初めごろから呼ばれていたものである。

元来この花木は北米の原産であるが、明治の初年に初めてわが日本に渡来し、まず右のとおりタイサンボクの和名ができ、その後にいたってこれが白蓮木（ハクレンボク）とも称えられ、またその後植木屋方面では紅背木（コウハイボク）とも呼ばれた。これはその葉の背面が特に赭褐色を呈しているからである。

このタイサンボクは通常人家の庭園に栽植せられ、その強壮厚質大形な常緑葉の重々しく密に繁れる葉間に、佳香を放つ雪白の大花が開くので葉とともに賞観せられている。ところによると年古りてすこぶる大樹となっているのを見受けることがある。私は先年伊予の松山道後でその大樹を人家のそばで見たが、それはたぶん早くも明治の初年頃に植えたものであろう。

さてこれをタイサンボクというのはいかなる理由によるのか、それはなんの書物にもなんらその説明は出ていない。そしてその文字はあるいは大山木とも書き、あるいは泰山木とも書いてあれど、しかしそう書く理由もまたなんら発表せられてはいない。つまりこの大山木もまた泰山木も単にタイサンボクへ対して任意に書いたよいかげんな当て字で別になんの意味もなんの根拠もないのである。

そこで私の考うるところではこれは疑いもなく大盞木の意で、それはその花が開けば承け咲きしてあたかも大きな盞(さかずき)の形をしているところから、さてこそかくは称えたものであると信ずる。そこでちょっと面白いことは、これはその花をだれが見ても同じ感じがするとみえ、A. Rehderは彼の著Manual of Cultivated Trees and Shrubsにおいてその花を"flowers cup-shaped"（花は杯形をなす）と書いているが、これすなわち東西その見を一にするというもんだ。すなわち今ここにタイサンボクというその理由を明らかにせんがために、次の文章をかの伊藤伊兵衛の『広益地錦抄』巻の一から抄出してみよう。

蘭香木　葉は柏の葉のかたち極て青く冬落葉す春出ると共につぼみを出し四月にひらく花のかたち大盞の表のごとくにて白しその香蘭花よりをとたかく遠く薫園中に植べき木なり秋実ありふさぼたんのごとくにくゝりて色くれない又ながめあり

この蘭香木とは玉蘭すなわちハクモクレン（*Magnolia denudata Desr.*）のことで、その開いた花があたかも大きな盞に似ているのでそれで「大盞の表のごとく」と書いてある。表とはその盞の上面を指して言ったものである。

おもうに明治初年頃のだれか園芸関係者が、上の蘭香木の文を読んでその大盞の語に着目し、それをそのハクモクレン花とほとんど同様な花を開く Magnolia grandiflora *L.* に移して、さてここそこれを大盞木、すなわちタイサンボクと呼んだものであろう。しかし初めてそれをそう称えたその人は果してだれであったのか、今日それが判らないのは遺憾である。

今この私の考察が果して当たっているとすれば、従来絶えて明らかならざりしタイサンボクの文字とその意味とがはじめてここに判然とするしだいで、園芸界での一つの喜びたることを失わないであろう。

伊藤圭介、賀来飛霞（かくひか）（豊後出身の学者で伊藤圭介氏に招かれ一時小石川植物園に奉職していた）の両氏はその著『小石川植物園草木図説』において、タイサンボクを呉其濬の『植物名実図考』に出ている優曇花に当てているが、それは無論誤りであった。案ずるにこの優曇花は、けだし支那の奥地に生ずる常緑喬木である木蘭というものと同物かあるいはその近縁者ではないかと私は想像する。

明治十七年六月、京都の山本章夫氏（有名な本草学者山本亡羊の孫で号は谿愚）が、「含笑」と題して一枚摺りの大形紙に写生図を入れて発表したことがあったので、今いささかここにそれを批評してみることにする。

右山本章夫氏は、今日吾人の呼んでいるタイサンボクをその当時植木屋に得て、すなわちそれを考証し、これを支那の書物に出ている含笑花であると鑑定し、それにつき漢文をもって次のようにその意見を右の一枚摺りの中へ書かれたが、今だれにも分かりやすいようにこれを仮名まじりの文となし紹介してみると、それは

近来種芸家一種の花木を伝う。其の何国よりするを詳にせず、呼んで白蓮と為す、予は人の花形を説くを聞き、其の含笑たるを疑うこと久し、購い得て三年今茲甲申（牧野いう、明治十七年）始めて花を見る。形状諸書の説く所の如く、大略木蘭玉蘭商州厚樸と相似たり、只半開の時罄口状を作すを異なりと為す、此れ含笑の名の由って起る所なり、含笑はもと名花中の一品なれば、詩家画家の尤も当に暗記すべき所の者なり因って図示して同志諸君に示す（図は今ここに省略する）。

怪得奇芬逼㆓碧紗㆒、一枝濃艶玉無㆑瑕、
佳名検出方誇㆑客、含㆑笑重依含笑花。

である。そしてこの終わりの詩でみると、この花木（すなわちタイサンボク）に対し含笑花なる佳名を検出し得たとてとてもご自慢でにこにこしていらっしゃるが、なんぞ知らんこの含笑は決してこの花木ではなかったことを。ひっきょう右山本氏の考えは不幸にして的を外れ空しく徒労に終わったわけである。

　しからばすなわちその含笑花というのは元来なんであるのかという問題になるのだが、これはカラタネオガタマ、一名トウオガタマ、すなわち Michelia fuscata *Blume* の漢名で支那の諸書に

出ている常緑灌木である。そしてその花は小形で黄花を帯び、開いても半含状を呈しているのでそれで含笑花といったものである。花にはメロンの香気が強烈に鼻をうち、洋人は俗にこれを Banana-shrub と呼んでいる。

上に書いたタイサンボクの一変種に Var. lanceolata *Ait.* ? というものがあって、これをウスバタイサンボクと称する。その葉は質やや薄く、葉裏には銹色少なく、あるいは緑色の品もある。東京上野公園に明治十二年（1879）夏、米国前大統領グランド将軍来朝のとき、その記念として同夫人の手植えした樹はすなわちこれであって、その葉の裏面はほとんど緑色である。そしてこれをグランド玉蘭とよんでいる。

右の樹に相対して同じく夫君グランド将軍の手植えしたものは、じつはかの世界に有名なる Big-tree、すなわち Giant Sequoia の世界爺（セコイア）（田中芳男先生命名）なる Sequoia gigantea *DC.*（= Wellingtonia gigantea *Lindl.* = Sequoiadendron giganteum *Buchholz.*）のつもりで、当時麻布なる学農社の津田仙氏がその苗木を提出し右将軍に植えてもらったところ、その後にいたって間もなくそれは目的の Sequoia（セコイア）ではなくて、やはり北米産のものではあれどまったく別の平凡な Cupressus Lawsoniana *Murr.*（= Chamaecyparis Lawsoniana *Parl.*）であることが分かって拍子抜けがしたわけだ。そしてこれをグランドヒノキと称している。盛名ある偉大なグランド将軍手植の樹としてはもの足りないことおびただしい。

右の時代にSequoiaすなわち世界爺の苗はわが日本にあろうはずはなかった。ずっと後、昭和年間に珍しくも私はその小さい苗木の盆栽を、当時愛知県熱田中学校の加藤新市君から恵まれたが、この幼な児の世界爺は、擁護の効なくその後枯れ行いてしまったのはことのほか残念であった。

（『牧野植物随筆』より）

オリーブは橄欖であるのか

橄欖（カンラン）というと字音の響きが好い。またその字面もなんとなく高尚に見える。ゆえに文学者は決してこの字が嫌いではないからよくこれを用いるのである。が、それはいつもかのオリーブの名の場合に。

このようなわけで、橄欖の字は知識階級の日本人にはかなりよく知られてはいるが、しかしその橄欖が果してどんなものであるのかはご存じないお方がかなり多いばかりではなく、それがたとえ知ったかぶりをしている人でも、じつはそのほんとうの橄欖はよく知らないで、ウン、ありゃあオリーブのことだよと片づけて半可通ぶりを発揮しているものも少なくない。

が、橄欖がオリーブ（Olive）ではないぐらいのことは今日の植物学者はもうとうに知っていて、オリーブを橄欖と書くようなとんまな人間はまああまり見つからないかも知れんが、他方面の登張信一郎氏の『大独日辞典』（昭和八年大倉書店発行）では旧態依然としてOliveを「橄欖樹の実」、Oliven-baumを「橄欖樹」、Oliven-hainを「橄欖の林」、Oliven-holzを「橄欖材」、Oliven-ölを「橄欖油」、またOliven-wäldchenを「橄欖の森」と訳し、山岸光宣氏の『コンサイス独和辞典』（昭和十一年、三省堂発行）にもOliveを橄欖樹・その果実、Oliven-baumを橄欖樹、Oliven-kranzを橄欖ノ冠、Oliven-tweigを橄欖樹ノ枝（平和ノ標章）となし、また岡倉由三郎氏の『新英和大辞典』（昭和十一年、研究社発行）にもOliveのところには橄欖の字は見えぬけれど、やはりOlive-treeのところには橄欖樹、Olive-woodには橄欖材の訳語も記してあり、武信由太郎氏の『新和英大辞典』（昭和六年、研究社発行）にもOliveを橄欖、Olive-oilを橄欖油、Olive-colourを橄欖色と訳し、井上十吉氏の『井上英和大辞典』（大正四年、至誠堂発行）、ならびに同氏の『井上和英大辞典』（大正九年、至誠堂発行）にもOliveが橄欖としてあって多くの学生を誤らせていることになっているが、市川三喜、畔柳都太郎、飯島広三郎三氏の『大英和辞典』（昭和六年冨山房発行）にはOliveが正しくオリーヴ、オレーフ、ホルトノキとしてあり、また拓殖大学南進会の『蘭和大辞典』（昭和十八年、創造社発行）にもOlijfをオリーブとしてあって橄欖の字を用いていないのは正確である。上のごとく、こんな辞書界では存外学術の進歩におくれてオリーブを橄欖とする旧夢から醒めきれないものの多くあるのは歎かわしいかぎりだ。そして文学方面の人々になるとまだその本当の事実が充分に分からないものが多くて、オリーブの場合に橄欖の字を平気で使っていて、なにかの雑誌の題号にも「橄欖」というものがあったように覚えている。

元来オリーブという樹はいろいろな歴史などをもっているものであるから、ずいぶんと文学とは因縁も浅からないのだが、それが支那の橄欖ときた日には、昔からなんら文学などとは交渉のないものである。そしてただうまくもない実を食うぐらいが関の山で、まあいわば下等な一つの果樹で、そう騒ぎ立てるほどな大した植物ではないのである。そして橄欖とはなんの意味で名づけたのか支那の学者でもそれは分からんと言っている。

橄欖はもとより支那にのみ限られて産する常盤木で、往々大喬木をなして直聳分枝し、ちょうどそれは無患樹（ムクロジ）の樹のような姿をしている。葉は欝蒼として大いに繁り、大きな羽状複葉で緑色を呈し枝に互生している。春時枝梢に円錐花穂を出して小さい白花を開き、三浅裂萼と三花弁と花糸の連合せる六雄蕊と六片の細鱗に囲まれた一雌蕊とがあり、子房は内部が三室に分れ、毎室に二卵子が入っている。秋になると果実が房（フサ）をなして生り、その重みで果穂が葉間に垂れ下がる。果実は植物学上でいう核果で長さ一寸くらいの楕円形を呈し、果皮は平滑無毛で熟しても緑色である。ゆえに一に青果の名があるがまた緑欖とも称えられる。元来橄欖は支那の名であるが、日本の昔の学者の貝原益軒は支那の書物に、実を噛んでその汁を飲めば魚鯁を治するとあるに基づいて、すなわちこの和名をウオノホネヌキとしているのは面白い。そうすると橄欖の和名がウオノホネヌキとなるわけだ。そしてその学名は Canarium album *Raeuschel* でカンラン科（橄欖科）すなわち Burseraceae に属している。

支那人はこの実を生で食い、また蜜漬けにもすれば、塩漬けにもして食うのだが、味はまずいものである。また薬用として用いられ、酒毒をも魚毒をも、またその他の毒をも消すといわれる。

また前に書いたように魚の刺が喉に刺さったときこの実のしぼり汁を飲めば抜けると信じられている。

この実の生のを食ってみると初めは苦渋いのであるが、しばらくすると後には甘味を覚えて佳いといわれている。そこで面白いのはこの実を一に諫果と呼ぶことである。すなわちそれは初め食ったときは渋くてかつ苦いけれども、後には甘く感ずるようになることがちょうど耳に逆らう諫言を聴いているようで、初めは苦言であるけれど、後にはついによくぞ言ってくれたと思い直して気持よくなるというと同じであるので、それでイサメ果物すなわち諫果と名づけたということである。

いままたここにオレイフすなわちオリーブ（Olive）という樹がある。この樹はアジア洲の東部、すなわちいわゆる東亜地方には産しないから、したがって支那にもなければまたわが日本にもなく（栽培品は別だが）、これは地中海沿岸地方の原産であって、その実よりオリーブ油が採れるので昔から著名である。常緑の小樹もしくは小喬木で多枝繁葉、欝然として茂っている。葉は単形厚質で枝上に対生し、狭長で鋸歯なく、上面は緑色、下面は帯白色である。初夏の候に葉の腋に小白花が集まって咲き、秋にいたって実が生るが、その実は楕円形で長さおよそ七、八分もあり、初めは緑色なれど後に熟すると紫黒色から黒色となり、中に一つの堅くて長みある核がある。果皮は肉が厚くそれに油を含んでいるのでその油をしぼり取りいわゆるオリーブ油、すなわち昔のホルトガルの油を製するのであって、この油が薬用にもなればまた食用にもなり、かのサラダオイルは食用時に用うるこの油である。そしてまた鰮魚(サージン)を漬けるにも使用せられ、またその実を酢漬(ピックル)けにもしてあって西洋料理店で売っている。このごろ日本で生った実を同じく酢漬けにしてあるが、その味は西洋出来のものに比ぶればずっと劣っている。

この樹はかく有用なものであるがゆえに、気候の適するところへはこれが移植せられ、今は世界の各方に拡まって栽培せられている。わが邦へは、文久年間に林洞海氏の斡旋で初めてもたらせられて相州横須賀に植えられ、次いで明治七年に佐野常民氏欧洲よりその苗木を携帯して東京に植えたが、その若干株はこれを紀州に移した。明治九年に和田春耕氏欧洲より種子をもたらし来たって紀州に播種した。明治十二年さらに前田正名氏の尽力でこれを摂州神戸などに栽植し、それが成長して明治十五年に初めて結実し、製油、塩蔵が試みられた。これわが日本でオリーブ油を製造した嚆矢(こうし)で、これを管理したのは福羽逸人氏であった。その後不幸にしてその業も振わなくなり、ずっと後になってせっかく成長して繁った樹もみなむざんに伐られてしまい、その当時の樹が今日たまに庭隅などにのこって昔を物語っているにすぎない。しかるに近年さらにオリーブ油の需用必要に迫られ、新たに再びその苗木を輸入して、比較的雨量の少ない讃州の小豆島にこれを栽培してこんどはその実を利用している。

さて上文に橄欖とオリーブとを説明したから読者はそれが全然別種の植物であることを明確に

認識せられたであろうと思うが、しかしこの橄欖がどうして天然の縁もなければ形態も違うオリーブと間違ってその間が混乱し、オリーブを橄欖となしたかというと、それには次のようなイキサツがあったのである。

前にも書いたように、橄欖の実は緑色で楕円形で、それがいかにもよくオリーブの実と似ている。それゆえ西洋人は早くも橄欖の実をば China-Olive（支那オリーブ）と呼んでいた。しかもこれは単にその実のようすが似かよっているだけで、その花も葉も木振りも、またその分類学上の科も全然似ても似つかぬものである。すなわち橄欖は前にも書いたようにカンラン科すなわち橄欖科（Burseraceae）で、オリーブはヒイラギ科（Oleaceae）に属するのである。そして橄欖は六雄蕊の離弁花植物で互生せる羽状複葉を有し、オリーブは二雄蕊の合弁植物で対生せる単葉を有している。

今からまさに八十五年前の支那の同治二年（わが文久三年、西暦1863年）に支那で初めてかの『旧約全書』の聖書を漢訳すなわち支那訳したことがあった。そのとき『旧約全書』の「創世記」にあるオリーブ、それは試みに放たれた鳩がその葉の一片をくわえてノアの方舟（はこぶね）へ帰ってきたというそのときのオリーブを、不用意に橄欖と訳してしまった。これは上に書いたように橄欖に China-Olive の名があるので、右の訳者はこの China-Olive を本当のオリーブと同物と思い違いをして、そこでついにその聖書のオリーブを橄欖と書いたのである。すなわち右の支那訳聖書の

原文は

又待至七日。復放鴿出舟。及暮。鴿帰就挪亜。口啣橄欖新葉。挪亜知水已退於地。

である。

間もなく右の漢訳聖書がわが日本へ渡ってきた。そのときはちょうど明治維新の前後時代であって、田中芳男氏のような日本の学者がいろいろ植物の訳字を捜索していた際であったから、たちまちその字面が右の漢訳聖書によってその学者たちに知れ、そこでわが邦でもオリーブは橄欖、橄欖はオリーブで候ということになったのである。

このように支那から受け継いだこの誤謬が、かなり長くわが邦人の間に続くうちに、今から六十九年前の明治十二年（1879）になって橄欖をオリーブということはたいへんな間違いであると大声喝破し、青天の霹靂的にその所見を公表したのは、当時の植物学者薩摩鹿児島市出身の田代安定氏（安政三年生、昭和三年逝、年七十三）であって、同氏はその説を明治十二年三月に刊行せる東京の博物局編纂の『博物雑誌』第三号に図入りで掲載し、「阿利襪ノ弁」と題してその問題事項を詳述した。

明治の初年から中葉時代にかけては、上に述べたようなイキサツからオリーブを橄欖としていたことがふつうであり、右のように田代氏の獅子吼があっても割合にその正説の普及を見なかったのは、その所見登載の前記の『博物雑誌』が特殊雑誌であまり一般的に世間に行きわたらなかったせいもあろう。しかるにその前にはオリーブを日本ではなんと処置していたのかというと、わが邦の学者はこれを阿利襪（オレイフ）と音訳していた。これは日本の学者が独自に作った訳字でその訳者は蘭学者の宇田川榛斎であった。すなわち今から百二十六年前の文政五年（1822）に上梓せられた同氏の訳書『遠西医方名物考』にそれが出ている。すなわち同書巻の六に

阿利襪（オレイフ）　按ニ阿利襪ハ西洋諸地ニ産スル一種ノ喬木ノ実ナリ土人是ヲ搾（シボリ）テ油ヲ取リ薬用及ビ飲膳灯油ニ供シ又四方ニ貨ス和蘭ニテ此油ヲ「オレイフ、オーリー」ト名ク左ニ挙ル阿利襪（オレイフ）油ナリ舶来アリ俗間薬舗「ホルトガル」ノ油ト呼ブ

と書いてある。そしてこの音訳字が永く続いて用いられたが、その後その襪の字があまりむつかしいのでさらにこれを阿利布と書いた人もあった。これまた阿利襪と同様に日本人の作った訳字である。そしてこの訳字のできた前には、これをホルトガル（寛政十年、1798上梓、大槻玄沢の『磐水夜話』）と呼んでいた。これはポルチュガルの支那の音訳国名波爾杜瓦爾（ホルトガル）によったものである。

この阿利襪なる音訳字が永く世間で用いられた後に、ここに珍しくもオリーブに既に漢名があったということが判明した。すなわちそれは、従来永い間わが邦の諸学者がエゴノキ科のエゴノキ（薮ノ木の意、学名は *Styrax japonica Sieb. et Zucc.*）だと信じ切っていた斉墩（セイトン）果、すなわち斉墩樹が意外にもそのオリーブであったのである。

この斉墩樹は唐の段成式の『西陽雑俎』巻の十八に出ているが元来これは音訳字である。それ

はペルシャにおけるオリーブの土言 Seitum に基づいたもので、昔支那人がその土言を聞いてそう訳したものである。また古くヘブライ人はオリーブを Zeit あるいは Zetf といったが、これはたぶん斉墩樹の一名となっている斉虚がそれであろうと思う。

支那ではその後聖書の橄欖を改訂して油樹としたことがあった。そうするとオリーブの名が油樹となるわけだ。そしてこれを和訳したらアブラギとなる。

まず以上述べたところで橄欖とオリーブとの間のもつれが解けたのである。そしてそれにかんがみて今後はオリーブを橄欖と書いてわが知識の浅薄を看破せられるようなヘマを演ぜぬようご用心が肝要である。

従来日本の学者はオリーブをわが邦に産するモガシ科のモガシ、一名ハボソ、一名ヅクノキ、一名シラキ、一名シイドキ（学名は Elaeocarpus elliptica *Makino*）であると言い、このモガシを支那の胆八樹だと言ってすましていたが、それはいずれもみな意外な大間違いであった事が分かった。そしてこの過ちをあえてした学者は小野蘭山、平賀源内などであった、徳川時代にポルトガル人が持ってきたので、当時の人がオリーブをポルトガルと称え、オリーブ油をポルトガル油と言った。上に書いたようにハボソをオリーブと間違えたので、そこでこのハボソすなわちモガシをホルトノキと呼び、その誤認の称呼が今日でもなおハボソにうるさく付きまとい、不用意な人々はこのハボソをホルトノキと誤称している。

支那料理の中に、なんだか長さ五分ぐらいで白い蛆（うじ）を押し平めたようで多少襞（ひだ）の見える食品があったので、さっそく詮議してみるとそれは欖仁と呼ぶものであることが分かった。すなわち『嶺南雑記』に「其仁則為佳果以致遠」とあるものであろう。そしてこの欖仁は橄欖と同属の姉妹品である烏欖、すなわち木威子、学名でいえば Canarium Pimela *Koenig*、和名でいえばクロカンラン（新称）の種子である。

橄欖と同属の一種に Canarium commune *L.* と称する喬木があって、アンボイナ、ルゾン、スンダ、モルッカ、ペナンに産しジャバには植えられてある。その実は橄欖より大きく、熟すれば紫黒色を呈し、その核内の種子は食用となり、実よりしぼられた生油はサラド油のごとく使われる。そして樹皮からは樹脂が出る。

本種の俗名は Manila Elemi とも Java Almond とも、また Kanari Nut とも称する。この Kanari はマレー語であるがこの土言に基づいて属名の Canarium が建てられた。そして私はこの樹の和名として今新たにことさらこれをカナリカンラン（カナリ橄欖）と称する。なんとならば既に称えられているカナリヤノキの和名が気に食わんからである。すなわちかくこれをカナリヤノキと呼ぶとするとカナリヤ（鳥）ノ木とも聞こえ、またアフリカの西北海に在るカナリー（島）ノ木とも聞こえて面白くないからである。これはカナリノキと言えばよかったものをなまじっかヽヤを入れたばっかりにとてもまずい名となり果てたのである。

（『続牧野植物随筆集』より）

八角茴香とシキミ

八角茴香(ハッカクウイキョウ)とはモクレン科なるシキミ属の一種で、また一に大茴香とも舶茴香とも称えられる。そしてこの植物の学名は Illicium verum *Hook. fil.* である。今ここに一八八八年すなわちわが明治二十一年に Hooker 氏によって用意せられたその図を掲げてその形状を明らかにする。今その蓇葖状をなせる花の色を見るに、その萼片は淡緑色で辺縁に紫暈を帯び、花弁はその外を萼片に擁せられて濃紅紫色を呈している。この八角茴香は南支那広西省での原産でもとよりわが日本には産しなく、またなお今日にいたるもその生本はついに渡来したことはない。

私はこの八角茴香に対して試みに Illicium stellatum *Makino* の新考学名を設けてみたいと思う。すなわちこれは古昔の由緒ある古典名の Anisum stellatum に基づいたものであって、俗にはこれを Stern-Anis とも、また Star-Anise とも称えられる。いま次にその名称を整理してみよう。

Illicium stellatum *Makino*, nom. comb.

= Anisum stellatum *Badian, nom. antip*.

= Illicium anisatum *L. pro. parte*.

= Illicium anisatum *Lour. non L.*
= Illicium verum *Hook. fil.*

Nom. vulg. Stern-Anis, Star-Anise.
Nom. Chin. 八角茴香，大茴香，船茴香
Nom. Jap. Tô-shikimi, Uikyô-shikimi, Nioi-shikimi.

この和名の唐（トウ）シキミは以前これに命じたもののように思うが、茴香シキミならびに香（ニオイ）シキミはその一名としてさらに名づけてみたものである。

上の八角茴香、すなわちStern-Anisについて面白いことは、昔の西洋古典の図についてである。初めこの車輪状を呈せる乾いた実のみがまず支那から欧洲へ輸出せられたとき、当時欧洲の学者はその放つ匂いによってそれをAnis（カラカサバナ科の草本で地中海地方に産するPimpinella Anisum *L.*、すなわちカオリゼリである。そしてその果実をAniseedと呼び香料に用うる）の一種と考えたので、そこで奇想天外より落つる的な想像図を作ってこれをStern-Anisの草であるとなし、Anisum stellatumと名づけてその当時（一七〇〇年代）の書物に掲げたもんだ。すなわちその車輪状の実をして一個ずつ繖梗の頂端に着生せしめてカラカサバナ科、すなわち繖形科の一新植物を組み立て、その葉を羽状に描き、さもAnisum類のものらしく工夫してそれに伴わせている。それはAnis（Anise）がカラカサバナ科植物ゆえ、このStern-Anis（Star-Anise）もまた同様に同科品と思った

結果である。

わが邦の書物では、J. W. Weinmann氏のPhytantoza-iconographiaから書写した着色図が岩崎灌園『本草図譜』巻の四十四に載せられて八角茴香と署し、これを懐香（すなわち茴香、ウイキョウのこと）の一種となし次のように述べてある。

時珍自番舶来者実大如柏実裂成八弁一弁一核大如豆黄褐色有仁味更甜俗呼船茴香又曰八角茴香といふものは本邦にも番舶来の実あり形状莽草の実に異ならず然れども香気ありて食用に供せず又物印忙に載る所のアニシュム。ステルラチュムといふ物船茴香なり草本にして一茎五葉うまぜりに似て円く浅き鋸歯あり、外本草の書並びに医学書等には八角茴香を以て大茴香とし時珍説くところの大茴香を小茴香とす恐くは非ならん形状同じからず但効相等し小茴香は次の条の蒔蘿なり本草匯に形如柏実裂成八弁者為大茴香性熱損目不可入食料といへり。

いったいこれに茴香の字が加えてあるのは、どういう理由かというと、それはその八角茴香の実の匂いが茴香、すなわちウイキョウの実の匂いに似ているからである。その匂いは特別な芳香性でその味は少々甘い。薬用として使われるけれど、ときに匂いをつけるために菓子に入れられることもある。本品は薬草として往々わが邦でも作られているが元来は欧洲の原産である。ウイキョウは茴香の音であるけれど、茴は唐音によってウイ、香は漢音によってキョウと発音せられている。

リンネ氏の名づけた Illicium anisatum *L.* なる学名の基本植物は、上の八角茴香（Anisum stellatum）の果実の実物と Kaempfer 氏の著 *Amoenitarum Exoticarum*（1712）所載のわがシキミの図と記事とによったものである。そしてリンネの学名は上の両種の合作によりてできたのであるから、これを無条件にわがシキミに対して専用することはできないはずである。（もっとも pro parte 付きなら許せないでもないが。）ゆえに私はこの理由から、わがシキミに対してはやむを得ず次にできた Illicium religiosum *Sieb. et Zucc.* を用うることにしている。リンネ氏はその命名当時まだわがシキミの実物は見ていなく、ただその図のみを見ていたにすぎなかった。ゆえに同氏

八角茴香（モクレン科）
Illicium verum *Hook. f.*

は Planta a me non visa, fide Kaempferi recepta と書いていることに注意すべきである。

それからここに反省せねばならぬことは西洋の書物の鵜呑みである。ベントレー、トライメン、ケーレルなどの諸学者、なおベルヒ、シュミット氏の書もそうであろうが、これらの書物ではシキミと八角茴香とが混説せられていて、いずれも Illicium anisatum *L.* の学名の下にわがシキミの図を掲げて、それを八角茴香の俗名なる Star-Anise であるとしてある。わが邦の学者ときにそのひそみになろうてシキミの図を八角茴香の図としているが、これは大いにいましむべきことである。例えば昭和二年東京帝国大学農学部附属演習林刊行の『台湾ニ生育スベキ熱帯林木調査』に出ている大茴香（八角茴香、角茴香）の図も、無論なにかの洋書から転写したものであろうが、少なくともその果実を除いたほかはまったくシキミの図でもとより大茴香そのものの図ではない。

（『続牧野植物随筆』より）

支那の玫瑰とその学名

支那に玫瑰（まいかい）という薔薇の一種がある。通常人家に植えられ、中形大の重弁赤色花（ときに白花のものもあるといわれる）が咲き強烈で爽快な佳香を放ち、同国人はこれを薬用とし、また茶に香気を付する料として愛好し貴んでいる。また酒にも入れれば蜜にも入れる。そしてその花弁を茶にしたものが玫瑰茶であり、また玫瑰油（瑰油）も造ればまた玫瑰露（すなわち玫瑰水、玫花水）もとり、また玫瑰膏（シラップ）（玫蜜）すなわち玫瑰舎利別をも製し、また玫瑰軟膏も煉られる。

さてこの薔薇を指してなにゆえに玫瑰と称えるのかというその理由はいかん。元来玫瑰とは『説文』に火斉玫瑰とあって、鮮赤色で光沢ある美しい珠石の名である。たぶんそれは貴重な石榴石でも指したものであろうかといわれる。そしてこれに基づいてこの赤色の美花を開く薔薇にその玫瑰の名が与えられたとのことである。また『汝南圃史』の玫瑰の条下にも、

玫瑰は玉の香ばしくして色ある者なり、花の色と香とに相似たるを以ての故に名づく

とある。もしこの玫瑰を和名で呼びたければやはりマイカイをそのまま用うればそれでよく、それが通りが善い。つまらぬ何々バラなどいわん方がよろしいが、玫瑰バラならばあるいはいい

かもしれん。
　この玫瑰は支那ではふつうに見られる薔薇で同国の書物にはよく出ていれど、どうしたものかまだわが邦へはその生本が渡来していないようだ。これは私の見聞が狭いかもしれんが、私はまだそれを邦内で目撃したことがない。本品はたぶん満洲には庭園の観賞植物として栽えてありはせぬかと思い、去る昭和十六年（1941わが齢八十）に私が満洲へ行ったとき、気を付けていたらたまたまそれらしい薔薇を一人家の庭で得て、その標品を持ち帰っているが、なおまだ精検せずにそのまま保存してある。そしてそれは紅紫色の重弁花品であった。もしもこれが玫瑰であったら善いがと思っている。

王路の『花史左編』と題する支那の書物に玫瑰を次のように書いてある。

　玫瑰　花は薔薇に類して紫艶馥郁たり宋の時宮院多く之を採り脳麝に雑え以て香嚢を為（つ）くる芬氤裊々として絶えず故に又徘徊花と名づく

陳淏子（陳扶揺）の『秘伝花鏡』というこれまた支那の書物にも、同じく玫瑰が左の通り記してある。

　玫瑰は一に徘徊花と名づく、所々に之あり、惟江南に独り盛んなり、其本に刺多く、花は薔薇に類して色紫なり〔牧野いう、支那で紫玫瑰というのはこれか〕、香膩馥郁、愈々乾きて愈々烈し、（中略）、此花の用最も広く、其香の美なるに因りて、或は扇墜香嚢に作り、或は糖霜を以て烏梅と同（とも）に搗爛し、名づけて玫瑰醬と為す、磁瓶内に収むれば、曝過して年を経るも、

色香変ぜず、用に任せて可なり

右の文中にある扇墜香嚢を小野蘭山口授の『秘伝花鏡啓蒙』には「搨扇ニ下ゲルヲモリト包袋ヲ伝ヘリ」とこれを二つに分けて解説してあるが、私の考うるところではこれは一つでふつうの扇に墜下させてある、すなわちブラサゲてある香嚢だと思う。そしてそれは扇を使うたびに揺れてその香を身近に瀰漫(びまん)さすのである。ここは玫瑰のことについて述べている場合であるから、それに無関係な「搨扇ニ下ゲルヲモリ」を持ち出す必要はないじゃないか。

さて玫瑰一類の学名は私の検定するところではそれは Rosa odorata *Sweet* であって、これにはさらに *Rosa Thea* Savi = *Rosa odoratissima* Sweet = *Rosa indica* L. *var. odoratissima* Lindl. = *Rosa indica* L. *var. fragrans* Thory = *Rosa chinensis* Jacq. *var. fragrans* Rehd. の異名を有し、俗にはこれを Tea Rose または Rose à Odeur de Thé（茶の佳香を有する薔薇の意）と称える。そしてその種中にあるいろいろの変り品のうち、玫瑰はその八重咲赤花の一培養品を指したものである。〔Rosa odorata *Sweet* var. Thea（*Savi*）*Makino*, nov. comb. —— Flowers medium-sized, double-petaled, purplish-red, strongly fragrant, utile and also officinal.〕

元来玫瑰そのものをもって右 Rosa odorata *Sweet* のものとして指摘しかく発表したのは、まことにおこがましいことを広言するようだが、あるいはこの私が初めてかも知れない。そしてこの同定すなわちアイデンチフィケイションのことは私の知っている範囲ではなんの書物にも見えていなく、また人から聞いたこともない。支那近代の書物である陳嶸の『中国樹木分類学』にはこれに香水月季〔牧野いう、香水の匂いあるコウシンバラの意〕の新訳漢名が書いてあって、あえて玫瑰とは記してないのは支那人としては疎漏だ。同国の学者もよくこれを知らんとみえる。W. Lobscheid の著『英華字典』を見ると、Rose の通称（general term）として玫瑰花が書いてあり、また墨黒士（英人）の著『華英字典』でも同様であるが、しかし厳格に言えば玫瑰花はじつは薔薇すなわち Roses に対する総名ではない。そして薔薇は今日ふつうには、このように Roses の場合に使用せられその総名のごとくなってはいるが、じつ言うとその原植物はノイバラすなわち野薔薇の名である。

わが邦では貝原益軒（『大和本草』）、寺島良安（『倭漢三才図会』）を始めとして松岡恕菴（『用薬須知』）、後藤梨春（『本草綱目補物品目録』）、小野蘭山（『秘伝花鏡啓蒙』）、同（『大和本草批正』）、島田充房（『花彙』）、水谷豊文（『物品識名』）、岩崎灌園（『草木育種』）など歴代の諸学者、そして近代の学者伊藤圭介、飯沼慾斎、田中芳男、小野職愨、松村任三等みないずれも玫瑰をもってわが日本の海浜方面に野生せるハマナス（正しくはハマナシ）、すなわち Rosa rugosa *Thunb.* であるとして疑わず、因襲俗をなしていっこうにこれを改むることを知らずに今日におよんでいるのは疎漏だ。

今から百二十二年前（すなわち1826、わが文政九年）に発行になった Ph. Fr. de Siebold の Flora Japonica, sect. prima には、Rosa rugosa *Thunb.* の条下に Hammanasi（ハマナシと正しく書いてあるのは面白い）の和名と並べて支那名（漢名）を“Pèy-hoêy-hōa（Bai-kwai-kwa）”すなわち玫瑰花と書いてある。案ずるにこのPèy-hoêy-hōaはけだしMey-koey-hoaと書くべきではなかったろうか。

また今から九十六年前（すなわち1852年、わが嘉永五年）に発行になった“Journal Asiatique”にはじめて掲載せられたJ. Hoffman et H. SchultesのNoms indigenes d'un choix de plantes du Japon et de la Chineにも、Rosa rugosa *Thunb.*を玫瑰花また徘徊花としてある。そしてこの一篇はその後一八六四年（わが元治元年）にオランダのライデン府で新たに一冊となして出版せられた。

また今から七十五年前（1873年、わが明治六年）に刊行せられたL. SavatierのLivres Kwa-wi（島田充房の『花彙』の訳文）にも、原本の『花彙』と同じくハマナス（すなわちRosa rugosa *Thunb.*）をMai Kwai（徘徊花（マイカイ））としてある。すなわちこの徘徊花は玫瑰花の一名である。

また今から六十九年前（1879年、わが明治十二年）に発行になったA. Franchet et Lud. SavatierのEumeratio Plantarum in Japonia, Vol. 2.には、その和名索引のところにMaikwai――Rosa rugosaと記して徘徊花、すなわち玫瑰がRosa rugosa *Thunb.*であることがあげられてある。

上に叙するように、これらはハマナスを玫瑰だとする謬説が早くも日本から支那へ伝わってゆき、同国での書物には無条件にその誤りをそのまま取り入れて玫瑰の学名をRosa rugosa *Thunb.*だとしているのはまったく正しくなく、これは断然その正名なるRosa odorata *Sweet*と改訂せねばならないのである。かのJ. Doolittleの『英華萃林韻府』（1872、明治五年出版）も、ならびにG. A.

Stuart の Chinese Materia Media（1911、わが明治四十四年出版）もともにその誤りを犯している書物であり、また孔慶萊等の『植物学大辞典』（中華民国七年、1918刊行）、彭世芳等の『博物詞典』（中華民国十年、1921刊行）、および陳嶸の『中国樹木分類学』（中華民国二十六年、1937刊行）の諸書もまた等しく同轍を踏んでいる。

F. P. Smith の Contributions towards the Materia Medica and Natural History of China（1871、わが明治四年刊行）には玫瑰花はあるが、しかしそこにはその学名を欠いでいる。また S. W. Williams の『英華韻府歴階』には、玫瑰花を Rosa Indica としてあるが、これはたぶん Rosa chinensis *Jacq.*（= *Rosa indica* Lindl. non L. = *Rosa chinensis* Jacq. *var. indica* Koehne = *Rosa indica* L. *var. vulgaris* Lindl.）の月季花、一名長春、すなわちコウシンバラ（庚申バラ）の学名を誤り当てているのであろう。また『中華薬典』では玫瑰油のところに「本品ハ薔薇科植物 Rosa damascena *Linné* 或ハ他種 Rosa 属植物ノ鮮花中ニ之ヲ得ル所ノ揮発油ト為ス」（漢文）と書いてあるが、この玫瑰油は薔薇油（Rose oil）の意味である。そしてこれは主として右のダマスクイバラ、すなわち Damask Rosa の花弁を蒸溜して製したもので芳香を有する。右の Damask は Damascus（ダマスクス）でこれはシリアでの一都会の名である。

今から百五十一年前の弘化四年（1847）に刊行した『蛮語箋』には、「ロード・ロース」（rood roos）を玫瑰としてあるが、このロード・ロースは赤薔薇の意で、すなわち玫瑰をその薔薇の一種に用いたものである。
明治七年（1874）出版、伊藤謙の『薬品名彙』には、Rosa gallica 玫瑰　Oil of roses 玫瑰油　Syrup of roses 玫瑰舎利別と出で、
明治十一年（1878）出版、奥山虎章の『増訂医語類聚』には、Rosa 玫瑰と出で、
明治十四年（1881）出版、江馬春熙の『洋和薬名字類』には、Rosae Gallicae patula 玫瑰花　Oil of rose 玫瑰油　Syrupus rosae gallicae 玫瑰舎利別　Syrupus of red roses 玫瑰舎利別と出で、
明治十六年（1883）出版、伊藤謙（柴田承桂、村井純之助校補）の『増訂薬品名彙』には、Oleum roses 玫瑰油　Rosa gallica 玫瑰　Syrup of roses 玫瑰舎利別と出で、
明治十六年（1883）出版、辻岡精輔、村井純之助の『倭漢薬物集目録』には、Rosa rugosa *Th.* 玫瑰花と出で
明治十六年（1883）出版、渡忠純の『原語附新撰薬名以呂波字引』には、Rosa gallica 玫瑰花　Red rose 玫瑰花　Rosenblümen 玫瑰花　Mel Rosalum 玫瑰蜜　Rose Honey 玫瑰蜜　Rosenhonig 玫瑰蜜と出で
明治十八年（1885）出版、青木武寿、中村信三郎の『原訳対照羅独及漢 病薬両目集』には、Aqua Rosae, Rosenwasser 薔薇水、一名玫瑰水　Flores Rosae, Rose 玫瑰花　Oleum Rosae Rosenöl 玫瑰花油、一名薔薇花油　Unguentum rosalum, Rosensalbe 玫瑰軟膏と出ている。

以上に列挙したこれらの記すところによってこれをみると、それらに名づけられている玫瑰の字はたいてい薔薇、すなわちRoseそのものの場合に用いられており、なかには欧洲産のRosa gallica *L.* すなわちフランスイバラに対する名ともなっている。が、しかしこれらはみなことごとくその名の適用を誤っている濫用で、いずれも玫瑰そのものではないのである。

次に今度は蘭学時代に出版せられた薬物学書についてその二、三を書いてみる。

今から百二十六年前の文政五年（1822）に出版になった宇田川榛斎の『遠西医方名物考』には、玫瑰蜜「メル・ローザリゥム」羅「ローセンホーニフ」蘭、玫瑰花　玫瑰膏　玫瑰舎利別「セイロープス・ローザリゥム」羅、玫瑰昆設爾弗（コンセルフ）「コンセルフ・ローザリゥム」羅、玫瑰醋「アセチゥム・ローザリゥム・リゥブリゥム」羅、玫瑰油「オレウム・ローザリゥム」羅、玫瑰丁幾丟爾（ティンキテウル）「ティンキテゥラ・ローザリゥム」羅又「インヒゥシゥム・ローザリゥム・リゥブリゥム」羅の語が出で、また今から百十八年前の文政十三年（天保元年と改元、1830）に出版になった同じく宇田川榛斎の『新訂増補和蘭薬鏡』には、玫瑰花「ハマナス」和名「ローザリュブラ」羅「ローデローセン」蘭、収斂玫瑰浸　調血玫瑰飲　玫瑰舎利別　玫瑰昆設爾弗（コンセルフ）　定嗽玫瑰飲　玫瑰抜爾撒謨（バルサム）飲　玫瑰丁幾剤（ティンキ）　玫瑰水　玫瑰蜜　玫瑰油の名が出ている。

また『厚生新編』では大槻玄沢、宇田川玄真が、玫瑰花コンセルフ　乾玫瑰コンセルフの語を用いている。

また今から九十二年前安政三年（1856）に出版せられた林洞海の『窊篤児薬性論』には玫瑰を次のとおりの場合に用いている。すなわち

○玫瑰花「フロレス・ロサル・リユブラル」羅「ローデローセン」蘭欧羅巴ノ南地ニ在テハ原野ニ自生シ、和蘭ニ於テハ多ク花圃ニ培植スル玫瑰樹ノ花葩ナリ、気味甘美ニシテ微ク収斂ス○玫瑰昆設爾弗「コンセルハ・ロサル・リュブル」羅○玫瑰蜜「メル・ロサリユム」羅○玫瑰花水「アクア・ロサリユム」羅

が出ている。右に掲げた四書の玫瑰はみな欧洲産の薔薇、すなわちに Rose に対して書いたものであるからもとより玫瑰そのものではない。ゆえに玫瑰の字面をその場合に使用するのは疑いもなく間違いであり、また誤用である。

くだって明治年代となり、その五年（1872）に出版せられた小林義直の『理礼氏薬物学』には、

○玫瑰花 Rosa gallica, Red rose 元来欧羅巴ノ自然産ニシテ亜米利加ニ在テハ多ク培植スル玫瑰ノ花葩ナリ薬用ノ品ハ半開ノ花葩ヲ採リ其白脚ヲ去ル○複方玫瑰浸○玫瑰糖剤

と書いてある。しかし玫瑰をかく欧産薔薇の場合に用うるの誤りであることは前述のとおりである。古来の諸学者はかくのごとく玫瑰の字の使用が恐ろしく不謹慎である。

今から二十九年前の中華民国八年（1919）に支那で出版せられた書物に『萬国葯方』八冊があって、その書中にも玫瑰の字が見えている。すなわちそれは

○玫瑰花一名紅玫瑰 Rosa gallica ○玫瑰糕 Confectio rosae gallcae ○玫瑰酸泡水 Infusum rosae acilum ○玫瑰糖 Syrupus rosae gallicae ○玫瑰蜜 Mel rorae ○玫瑰油 Rosae oleum であるが、これらはみな欧洲薔薇、特に主として Rosa gallica *L.*（フランスイバラ）に対して書いたものであるから、むろんその玫瑰の適用は誤られているわけだ。

また今から二十七年前の中華民国十年（1921）に同じく支那で出版せられた謝観の『中国医学大辞典』の玫瑰は、その文章は玫瑰としてまず無難のようであるが、しかしその挿入の図はわがハマナスを描いたもので、この図は Siebold の Flora Japonica 書中にある Rosa rugosa *Thumb.* の図を略画したものであることがその両図を対照してみるとすぐ看取せられる。そうするとこの書では玫瑰に対して両刀を使い、すなわちその文は玫瑰、その図はハマナスとなっているのである。

さらにまた今から十三年前、これまた中華民国二十四年（1935）に同じく支那で出版せられた陳存仁の『中国薬学大辞典』では、玫瑰花をいろいろに書いてあるが、要するに Rosa gallica *L.* も玫瑰 Rosa cinnamomea *L.* も玫瑰、また Rosa rugosa *Thunb.* も玫瑰ということになる。そしてその図はこれもまた上の『中国医学大辞典』と同じく、Siebold の Flora Japonica 中なる Rosa rugosa *Thunb.* を略図したものである。

昭和十八年（1943）に発行になった満鉄調査部訳の『満洲植物の寒地園芸的価値』（原著者はア・デ・ヴォエイコフ）の書中、ハマナスの条下に書いてある「八重咲の変形〔牧野いう、変種の誤訳〕Rosa rugosa var. plena *Reg.* を見出し、盛に園圃で栽培して、その花を蒐取乾燥し茶の香料に使ってゐる」と述べてある薔薇は、けだし玫瑰のほんものを指しているのであろう。果してしかるとせば、それは Rosa rugosa *Thunb.* 種中のものではなくてまさに Rosa odorata *Sweet* 種中の一変種なる var. Thea（*Savi*）*Makino* であらねばならない。

さて今からまさに百年前、支那の道光二十八年（1848）に刊行せられた呉其濬の『植物名実図考』所載の玫瑰図によってみても、その玫瑰なる薔薇のいかなる形状のものであるかを知ることができ、したがってそれがわがハマナスとは全然同一なものではないことも分かるであろう。

また今から十三年前、すなわち中華民国二十四年（1935）に出版になった『中国薬物標本図影』に掲載せられている玫瑰花（紫赤色を呈せる八重咲）の図を見ればただちに玫瑰花たる真相がじゅうぶんに呑みこめるのであろう。ただわが邦でその生鮮な花の実物を見ることのできないのは残念である。

さてまた貝原益軒の『大和本草』に不正に玫瑰に当て来たってあるハマナスの条下に、「筑紫ニテ花タチバナト云単葉アリ重葉アリ」とその花について書き、また寺島良安の『倭漢三才図会』にも同じく不正に当ててある玫瑰花のハマナスの条下に、「又有リ㆓赤紫ニシテ而千弁ノ者㆒其花稍小ク有㆓香気㆒」と書いてあるのはともに支那の玫瑰の文を加味して述べたものであって、ひっきょうわが邦ではいまだかつてハマナスの重弁花品は絶えてこれを見受けないのである。（ただしこのハマナスがその後外国へ渡って後、先方で園芸的に重弁花品を作っていることはあれども）。したがって貝原益軒も寺島良安も実際にはこれを見たことはよもあるまい。古書の文章にはよくこのように和漢の混説が織り込まれてあるのを見受けることが珍しくなく、イヤむしろひんぴんでもあるから、したがってこれを読む人々は、いわゆる眼光が紙背に透らねばその真相を捕捉することができないうらみがある。

上に縷述せる所説によって、およそ玫瑰とはどんな薔薇であり、かつ従来これについての諸学者の誤認の状が明らかによく分かったことと信ずる。

（『続牧野植物随筆』より）

ハマナスかハマナシか

今日から七年前の昭和十四年五月発行の『実際園芸』第二十五巻第五号において、この題名のもとでハマナス、ハマナシの呼称の正否について書いた。まだこれを読まれないお方にお目に掛けたいのでことさらにここにその全文を転載したが、しかし文章には中に多少補足したところがある。

わが日本の中部よりして以北の諸州、東は太平洋に面した方面、西は日本海にのぞんだ方面の海浜に一種の薔薇が自生し繁茂していて大なる紅色単弁（八重咲のものはいまだかってこれを見ない）の美花をひらき、花後には珠玉のように美しい赤い大きな円実を結び、緑葉の間に輝いているのである。これを通常世人はハマナスと呼んでいるがその学名は Rosa rugosa *Thunb.* である。そしてこの種名の rugosa は皺のある意味でそれはその葉面が皺んでいるからそう名づけたものである。すなわち Thunberg の原記載文に Folia……supra viridia, rugosa; subtus tomentosa, venosa, rugosa と書いてある。

さて従来の学者連がこぞってハマナスを玫瑰だとしているの非なることは別題のもとに書いたとおりであって、ハマナスは決して玫瑰ではない。そしてハマナスにはあえてなんの漢名も有っていない。すなわちそれはこの薔薇が元来支那に産しないからである。（たとえ栽培品はあるとしてもそれは元来の土産ではない）。つまるところハマナスは日本（朝鮮の南部を含めて）の特産薔薇に外ならないものである。

さてまたこの薔薇の和名であるが、それは通常世人が呼んでいるようにそのままハマナスとしておいていいのか、ただしはこれをハマナシというのがほんとうかと言うと、そこに一言を費やさねばならぬことがある。すなわち一般世間の書物にはほとんどみな一様にこれを浜茄子の意に書いている。小野蘭山の口授した『秘伝花鏡啓蒙』の中の玫瑰の条下にも「後ニ実アリ大サ七八分朱色ニシテ形茄子ノ如クナリ故ニ浜茄子ト云ヘリ」とあるが、この薔薇の実は少しく平扁な球形で決して茄子のような縦長い倒卵形はしていない。ゆえにその実を茄子に象ってこれを浜茄子と称するのは全くその見立てを誤っている。大槻文彦博士の『大言海』にはハマナスの実を「赤クシテ円ク長ク、略(ホボ)茄子ノ如シ」と書いてあるのは滑稽だ。これはハマナスのナスへバツを合わせんがために強いてそう書いたものとしか見られず、全くその実際の形状とは相違している。すなわちハマナスの実は少し平たき平円形であって、決して円長いものではない。

私はあえて世間の俗説に耳を貸さずに、これを浜茄子とすることには絶対に反対している。そしてこれはハマナシすなわち浜梨子とするのがほんとうの称呼であることを強硬に主張し、これを確信している。なんとなればこの実は熟するとその厚い果壁の肉が酸い甘いので土地の子供どもが採って生食していて、そこでそれを梨の実に擬らえたものであるからである。それはふつうに生食することのない茄子に比べる前に、もっと手っ取り早くかつ味の似た、また形の肖たふつうの梨子を連想するのが順序であり、かつ常識ではないのか。

いったいわが邦の東北地方ではシを常にスと発音するがゆえに、電信柱もデンスンバシラであり、鹿もスカである。そして梨もふつうにナスと言っている。このように梨すなわちナシがナスであるがゆえに、このハマナシすなわち浜梨子がハマナスに転訛しても決して無理でもなくまた不思議でもないが、しかしその土地の発音をそのまま鵜呑みにしてこれを浜茄子の意のハマナスであると心得るのは、疑いもなく重々心得違いだ。羽後のある所では珍しくもこれをハマナシと正しく呼んでいると聞いたことがあったが、まことに稀有なことである。

ここでちょっと興味のあることは、かの Siebold の Flora Japonica 中にある Rosa rugosa *Thunb.* の条下にこの和名を Hamma nasi（ハマナシ）と書いてあることである。それは今から百十一年前の天保六年（1835）であった。そして明治三年（1870）にできた田中芳男先生の『動植鉱物字林』（草稿本）にもまたこれをハマナシと書いてあり、先生は早くもこれを正称せられていたことを知った。

終りに薔薇（バラまたはイバラ）の実について一言する。いったい吾人の眼に触れる薔薇の実はじつ言えば植物学上厳格な意味の果実ではなく、これはいわゆる偽果すなわち贋の実である。そしてその本当の果実は痩果と称するもので、かの円い果壁の内部に種子状をなして潜居せる硬い小体がそれで、それには各一花柱を具えている。右の円い果壁部はその花托が肉ある球状をなし、その内部の真実果すなわち痩果を保護しているのである。この肉質部は熟すると味が甘いので痩果とともに鳥に啄まれ、その痩果は糞とともに体外に排出して地面に委棄せられる。すなわち糞はそれを培う肥料となってそこに仔苗が芽生え繁殖の基を作るのである。

（『牧野植物随筆』より）

紀州植物に触れてみる

私はとても忙しいのでちっともゆっくりできません。次から次へと用事が込んでいまして、どうも時間が得られないので困っているしだいです。

ところへ突然、雑誌『紀州動植物』を編輯発行しておらるる植村利夫君からの御来状で、ぜひにと拙稿を求められましたので、ほんのその責ふさぎにここにつまらぬ短文を差し上ぐることにいたしました。もう少し私が閑散の身なればもっと長文のものを草することもできたでしょうが、なにぶんにも多忙なので、今回はこれでご勘弁を願うことにいたしました。

まず第一は今日植物学者流のいうキノクニスゲ、一名キシュウスゲのことですが、この和名は私の付けたものです。しかしこのスゲにはもっとずっと以前に既にその名があったから、今後はその最旧の名で呼んだらいいでしょう。またそうしなくちゃならないのです。すなわち明治十年六月に東京博物局の職員小野職愨、田中房種、田代安定、中島仰山、織田信徳の諸氏が勢州から紀州の地に植物採集を試みたとき、右のスゲを大島辺に採集し、これにクロシマスゲ（九竜島スゲ）の新名を下した。ゆえにこのクロシマスゲはこのスゲの本名である。

第二は羊歯類の一種で、今日オオクボシダと呼んでいるものもまた同じく明治十年六月、上の博物局員一行によって早くも紀州で採集せられた。すなわち本羊歯の本邦で発見せられた第一番である。ゆえにこの羊歯は紀州とは縁が深い。

東京大学植物学教室の大久保三郎氏がこれを相州箱根の芦の湯付近で採ったのはずっと後のことで、すなわちこれは本品第二の発見である。

この大久保氏がこの羊歯を採集した時分、その標品を検定しそれに命名した同大学の矢田部良吉氏は、上に記した紀州での出来ごとを知らなかったものだから、本羊歯はまさに大久保氏が発見したものと思ってそれでそれをオオクボシダと名付けたのである。

しかるに何ぞはからん、本羊歯は遠い前にすでに博物局員によって紀州の地で発見せられ、かつ命名せられていたのであったとは。この羊歯についての重要な文献を見落としていた矢田部氏は、この事実を知るよしもなかった結果、ひとり僥倖をしたのは大久保氏であって、同氏はわが姓の不朽をかち得たのである。それは単に和名のみならず、その学名もまた「ポリポジウム・オオクボイ」であった。

博物局員一行が初めてこの珍羊歯を発見採集した記事を、そのときの採集品説明書『勢紀植物図説』から抄出すれば次のごとくである。

紀州牟婁郡大雲取ヲ過ギ口色川村ヨリ山路ニ到リ僅ニ両三根ヲ得タリ羊歯科ノ小草ニシテ

全形エウラクゴケニ似テ葉背ニ数点ノ花実ヲ着ク今回発検の一ニシテ珍草ト賞スベキ者ナリそしてそのときこれにコケシダの名が下され、なお一名としてヨウラクシダ、ムカデシダ、ヒメコシダ、ならびにナンキンコシダの名も付けられた。珍しい羊歯であったため一同に興味を感じ、採集者がこれをいろいろに見立て、かくは一時に数名が生じたのであろう。

紀州の人々は、この珍羊歯が初めて自国で発見せられ、また自国品に基づいて命名せられたものであってみれば、上のコケシダ等の和名をなおざりに付してはならず、かつこれを擁護せねばならない。また紀州人ならずとも、この名はこの羊歯に対しまっ先に付けられたものであるがゆえに、だれもが異議なくこれを用うればよろしいわけである。そしてオオクボシダの名はその副称、すなわち異名として存しておけばそれでいいのだ。

第三は今日いうユノミネシダであるが、これもカナヤマシダが一番先にできた名である。ユノミネシダの名はずっとその後に付けられたもので、本羊歯へ対しては第二次的である。これはたしか三好学氏が付けたものだと覚えている。

この羊歯を初めて紀州で見出したのはこれまた明治十年六月で、かの博物局員一行であった。一行の人々はまず第一に牟婁郡井関村鉱山の麓の石垣の間にたくさん生じているのを見つけた。次いで第二に同郡湯の峯温泉の近傍、流水のあたり石間に多く生じているのを見出した。そしてその第一に見出した地に基づいてこれにカナヤマシダの名を付けた。ゆえにこの羊歯の和名はカナヤマシダが正名でユノミネシダがその副名でなければならない。

上のように紀州人がその辺のいきさつを知っていなければならない植物のうち、三種をあげてこれを略述してみた。ついでに一、二のことを付け加えてみれば次のとおりである。

ホングウシダ、この名を見るとだれでもすぐ紀州の本宮を想起するが、しかしこれは決して紀州の本宮から来たものではなく、それはじつは尾州の本宮山に基づいた名である。そしてそれは「アスプレニウム」属のカミガモシダの本名で、つまりホングウシダとカミガモシダとは本来同物なのである。ホングウシダは徳川時代からの名で、カミガモシダはずっとくだって明治時代にできた名である。

明治以来のわが邦植物学者はホングウシダの認識がとても不足で、この名を永くかの「リンドセーア」属の一種に用いていて、だれもそれを疑わなかった。私はさきにその誤謬を発見したので、すなわちホングウシダの名は本来の品にかえして名実あい称わしめ、「リンドセーア」属のものにはニセホングウシダの新名を下してその帰するところを明らかにした。いわゆる選挙粛正の実を挙げたのである。

それから紀州にもあるでしょう、かのタチバナという蜜柑属の一樹が。よく方々でその樹が天然記念物に指定せられているが、紀州でもたぶんそうでしょう。

これは日本内地で本属唯一の野生品で、そしてたくさんもないのであるからその樹はとても大事に保護すべきものである。が、しかしそのタチバナなる名称はまったく名実が齟齬（そご）していて、昔タチバナと称したものは断じてこの品ではないのである。昔のタチバナはその品種は今日に言う何ミカンに相当するか、その辺は無論判然しないが、しかし充分食用となる品であったことは確かだから、まず紀州ミカン、一名コミカンのようなものであったことが想像せられる。このコミカンはすこぶる長寿を保つ樹で、今日でもその巨大な樹が諸州に残っていることを見受ける。おもうにこの蜜柑は他の品種に比べて、最も永い年歴の間わが日本を支配したものであったであろう。すなわち久しい間日本ふつうの代表的蜜柑であったであろう。今日の温州（ウンシュウ）ミカン出現前までは、上のコミカンは広く人々に顧みられ愛せられていたものであったが、優品である温州ミカンに圧せられて盛衰まったく地を代えてしまった。これを要するに、昔のタチバナは前述のように無論ミカンの一種であったから、常識的には昔のタチバナは今日のミカン、今日のミカンは昔のタチバナだと思っていればまずまず無難であろう。

かの野生品のいわゆるタチバナは、昔からのタチバナとは全然なんの関係もないものであるゆえ、じつ言うとそれを従来のようにタチバナといってはきわめて悪く、かつまた混雑誤解を招く基をなすものである。ゆえにわが邦蜜柑類の専門大家で最も信頼すべき知識を豊富に持っていた田村利親氏は、特にこれをヤマトタチバナと称していたが、それはしごくもっともな所見で、私も両手を挙げてこれに賛成し同意している。今後は従来よりの不純なかの名を解消してこの佳名のヤマトタチバナを用うればいいのである。
田道間守（たじまもり）は食うべき蜜柑であるトキジクノカクノコノミを捜し求めに常世（とこよ）の国へ行ったのではなかったか。食おうにもほとんど甘汁なく、粒のような小さい貧弱な実の生る今日いう、かのタチバナのごときは決して彼の目的物ではなかったはずだ。歴史のタチバナは百果の尤（ゆう）なるものと称えられてだれも異論がなかったゆえに、これをモデルにその功労をおぼしめして橘姓も賜わったのだ。あんな石ころのような今日のタチバナの実は果中の尤品どころか、これはまったく果物とはいえぬくらいの劣等しごくな悪品だ。これをタチバナというのはその由緒ある好名称を冒瀆するのははなはだしいものといわざるを得ない。

（『植物記』より）

ススキ談義

今ここに秋の景物であるススキについて述べてみよう。

ススキ、それはわが邦広く野となく山となくいたるところにさかんに生い茂りて、秋をシンボライズする。そのススキは、だれでも知らぬ人のないほどのふつうな禾本植物の一種である。ススキという言葉はこれは一般俗間の通名ではなく、それはむしろ知識階級の人のいう名称である。そして諸国一般人の称える名はカヤである。

カヤは最も古い名でおそらくそれは神代前から称えられてきたものであろう。しかしカヤの語原は刈りて屋根を葺くから起こったのだといわれているが、それはたぶんヤは屋根でその屋根を葺く意味の語であろうが、そのカは果して刈るの意か、その点はどうも不明のようである。あるいはそれはクサヤ（草屋）の意かもしれないと思うがその理由は、ヤは屋根、カはすなわちクサの反しのカであるから、そこで屋根を葺く草の意とも考えられ、あるいはなお一歩進んで太古の草屋（カヤで葺いた茅屋）から来て、そのクサヤがカヤになったものだとも想像することのできんもんでもない。

カヤは上にいったようにススキの古名であるが、学者によってはチガヤ、スゲ、アシ、オギなどをもカヤというと思っているが私はそれに賛意を表しなく、カヤの本物はどうしてもススキでなければならぬと信じている。チガヤなどカヤ式のものであるからすなわちそれを混じているのであろう。

ススキという意味はスクスクと立っているキ（草）だからそういわれると書物に書いてあるが、またあるいはススは畳語でそれは清々（すがすが）しいことである。昔は笹の葉などとともにこれらをサラサラと鳴らして神楽に用いたから、そこでススキの木の意味でススというのだといっている学者もあって、ススキの語原にはどうもハッキリした定説がないようだ。

日本で古来薄の字をススキの名とするのは誤りで、それはちょうど茸の字をキノコに誤用しているのと同一轍である。薄の字は古くよりススキに慣用せられているが、それは決してススキそのものの名ではなく、薄は単にススキを形容した文字にすぎない。いったいススキはその茎葉が密に叢（むら）をなして株から生え互いに相迫り集まっているので、それでこの薄の字を古人がススキに当て用いたもので、つまり一つの仮字である。すなわち薄の字はセマル意で、かの薄暮の薄、あるいは肉薄の薄とその意義が同一である。この薄暮というのは暮れに薄（せま）ること、また肉薄というのは人々互いに押し合いへし合いちょうど今日電車に乗り込むときのように相薄ることで、ススキの場合もそれとまったく同意味である。

ススキは山野の陽地に生じ往々山一面を覆うて茂り、また野一面に群をなして生えていてほとんどススキを見ない地はないほどである。もしもこれに大いに用途があったなら大した利用をなすのであろうが、ただいまそれほど満点の利用もないからしたがっていたずらに山野に枯れ果てることが多い。

ススキは株をなし、地下には短い多節の地下茎が横になり、それから鬚根を発出して地中から養分を吸収している。多脚的に分枝しその枝端から茎と葉とが萌出して地上に出で、それがたくさんに集まって一株一株叢をなして茂っているのである。冬になって茎葉が枯れても地中の地下茎は依然として生き残り、来春またその株から新しい芽を出すのである。もし春早く山や野を焼き、そのところに数寸に萌出したススキがその表面を焼かれて黒く焦げている場合をスグロのススキと呼ぶのである。

春に芽立ったススキはまず葉鞘（ハカマ）のある葉が叢生し、次にその中から茎が立ちてさらに葉がそれに二列式に互生しているが、それには無論長い淡緑色の葉鞘があって茎を包んでおり、その葉鞘は茎の節に付いている。葉の本部なる葉片は狭長でその末漸次に尖り、表面は緑色、裏面は帯白緑色である。葉片の中央には一条の中脈があって、表面では白色、裏面では淡緑色を呈している。葉縁には鋭き細鋸歯が並んで、しごけばよく手を切ることは人の知っているとおりである。支那の書物にも「甚ダ快利ニシテ人ヲ傷ツクルコト鋒刀ノ如シ」と書いてある。そして葉鞘と葉片との堺には小舌と呼ぶ小鱗片があるが、これは禾本類の特徴である。

茎は禾本類では特に稈（カン）といわれるが、ススキの稈の本の方は往々葉が枯れ去りてその膚を露わし、節が見えて細い竹のようになっている。しかしそれはオギにおけるほど著しくはない。稈は円柱で淡緑色を呈し、平滑で中が実（じつ）し白瓢が多い。

ススキは秋になってその成長の極度に達する。その低いのでは三、四尺くらいの丈のものもあるが、その高いものになると一丈余になっている。稈の上部は細長円柱形で、葉から超出し衆草を抜いて高く聳えている。そしてその末端に花穂を支え着け花穂は中天に翻（ひるがえ）っているのである。

花穂の形は大きくてすこぶる著しい姿を呈している。その中軸は狭長で稜角があり、それが真直ぐに立っていておよそ二寸半から七、八寸の長さを算するが、その枝梗はその中軸を芯としてその周辺に開出散漫し風が吹けば一方に靡いている。そして黄褐色、あるいは茶褐色、あるいは紫褐色、あるいは褐紫色でその色は株によって相異なりあえて一様ではない。花穂の長さは五、六寸から一尺二、三寸ばかりもあり、枝梗の数は一穂に五、六条から五十条もあるのがあって、それが花穂中軸の節からおよそ二、三条くらいずつ出て集まっている。花が済むと花穂が閉ずるのであるが、あるいは風のため、あるいは稈が傾いているため、その穂体はたいてい一方に彎曲しているのである。

花は小形で穂上に数多く、それが列をなし枝梗を通じて付いているのである。花は二花ずつ相伴われており、その一花はきわめて短き小梗をそなえて低く位し、他の一花はやや長い小梗を有して上に位している。花の本には花よりは長い多くの光滑(つや)ある毛があって、花に添うて直立し、花を擁護しているかのように見えるが、乾けば斜めに開くのである。

花は禾本類の花の常套をそなえて、あえて萼もなければ花弁もない。まずその外に外穎がありその次に内穎があって、共に外面に毛を帯びる。そしてこれが向かい合いになっている。次に外稃(フ)と内稃とが同じく向かい合いになっており、この内稃には長い芒(ノギ)がある。次にごく小さい鱗被(リンピ)という二鱗片がある。右の穎と稃と鱗被とこの三つは共にいわゆる苞であって、それがふつうの花の萼弁の役目を務めていると思えばよい。

次に雄蕊が三つあって花の開いているとき、すなわち穎稃が口を開いているときに糸のような花糸によってその末端の葯を花外に垂れブラブラとさせている。葯は二つの胞(ふくろ)からなり、縦裂せる間隙からいっこうに油気のないサラサラとした花粉を散出し、ときどき吹き来る風のためにそれが散らばり飛んで花柱の毛に付き、そのところに拘束せられるのである。このようにこのススキの花は風媒花である。それは他の禾本の花と同じように。

次に花の中心に一つの雌蕊があって、本に一個の子房が坐り、その子房の頂に二花柱があって毛を生じ、多くの柱頭をなしている。前述のとおり花粉がここに捉わるればたちまち顕微鏡的の花粉管を生じ、それが子房内の卵子を目がけて勢いよく進み行くのであるが、それはちょうど娘一人に聟八人の有様で、その卵子と合歓を遂げるにはタッタ一つの花粉管があればこと足りるのである。この仕合せな一花粉管以外の多くの花粉管候補者は、みな口アングリで失望落胆するばかりだ。卵が孕めばまもなくそれが種子となり、子房の皮は果皮と名を変え、子房はそこで果実となるが、禾本類の果実は特に穎果と呼ばれ、すなわち通俗にいえば穀粒で米麦の穀粒とあえて異なるところはないが、その形がきわめて微小だからあえてこれを利用するには足りない。そしてその果皮はまたこれを米麦でいえば糠となるところである。

花が済み日を経ると、まもなく長楕円形なる実が熟し、この穎果が宿在している穎片稃片の中に包まれているが、この時分にはその穂がだんだんに乾いてその花下の毛は散開し、ついに穎果を擁せる花体が吹く風のために花穂の枝梗より離され、そこでその花下にある開いた毛のために風に連れられ飄々と気中を浮かび行って、ついに遠近の地に落下しそこに新苗をして萌出せしむるにいたるのである。ススキの花穂が高く挺出しているのは、風を迎えるに都合が好いからである。

ススキの花穂を尾花（オバナ）といいよく歌などに詠み込まれている。かの山上憶良の秋の七種の歌にもこの尾花が出ている。この尾花が風に吹かれて靡いている姿は、なかなかに風情のあるものと一般に相場がきまっているが、暮夜に臆病ものがこれを幽霊と見たとはまことに殺風景である。

冬に入ってたえず寒風に吹かれると穂上の枯花は漸々に散り去りて、ついには花穂の骨ばかりとなり淋しく立って残っているのがその地この地に見られるが、その時分はもはやその葉も枯れ果てていて山も野も粛条たる冬景色となり、ときどき白い霜がその枯葉におかれているのを朝早く見ることがある。旅に病んだ芭蕉の夢はこんな枯野をかけめぐったのであろう。

尾花には可愛らしい端唄があって安政元年頃から謡われ名高いものとなったとのことである。すなわちそれは、

「露は尾花と寝たという、尾花は露と寝ぬという、あれ寝たという寝ぬという、尾花が穂に出てあらわれた」である。

ススキにはいろいろと変わった品がある。まずイトススキは葉のきわめて狭長なものであり、シマススキは葉に白斑のあるものであり、タカノハススキは葉に矢羽の斑のあるものである。歌にいうマスウノススキはマソホノススキで赤い花のススキをいうのだが、これは今いうムラサキススキのことであろう。またマスホ（十寸穂）ノススキとは花穂の壮大なものを呼んだ名である。このマソホノススキ、マスホノススキについては、人の命は晴れ間をも待つものかは、と昔登連法師を悩ましたもんだ。

アリワラススキ（在原ススキ）というのがある。これはトキワススキ（常盤ススキ）一名カンススキ（寒ススキ）である。このススキはふつうのススキとは別の種で、関西地方に多く冬も葉があり、かつ雄大だからよく風避けとして畑の囲りなどに栽えてあることが多いが、また川の土堤などにも

見られる。七月頃に早くも花穂が出るが、形は長大で花は細かい。しかしふつうのススキのような風情の掬すべきものがない。

八丈のススキは伊豆の七島で牛の飼い葉として作っているものであるが、内地の南海岸ではそれが野生している。

何々ススキといってススキの名を冒している禾本がたくさんあるが、これらはたいていススキの属ではない。

ススキの学名は Miscanthus sinensis Anderss. である。その種名 sinensis は「支那の」という意味であるが、これは支那産の標品を基として付けたものである。そしてこのススキは支那にもあって支那の名は芒である。すなわちノギの芒と同字である。属名の Miscanthus は mischos、すなわち梗と anthos、すなわち花との二つのギリシァ語からなったもので、それはたぶんその小梗ある花に基づいて付けたものであろうといわれる。

ススキについてなお書くことがいろいろあるが、あまり長くなるのでまずこれぐらいで打ち切りましょう。

（昭和三十一年『植物学九十年』より）

菊

秋高くようやく滋きの候、都鄙(とひ)の庭園をあまねく飾るものは菊花である。この家植の菊花はもとわが日本の産ではなかったが、『本通朝紀』によれば初めて仁徳天皇七十三年に唐（支那）より菊種を献じたとある。しかし学者によりてはこの説を疑いて、菊の本朝に渡り来たりたるは平安遷都の頃よりであると言っている。また人によりては奈良朝時代に菊花の詩があるから、既にその時代に菊が渡っておったと論を立てている。このようにその渡来の時期については種々の説があれども、とにかく菊花が上古に隣国の支那より渡ったことは事実で、それまではわが邦にはまったくこの家植の菊花はなかったのである。

家植の菊花はわが邦にあっては上古の世に源を発してその種を今日に伝え、今は最もふつうでだれ知らぬこともなき花となり賞翫せられ、したがってその培養の術も既に久しく精巧をきわめ来たった。その間には菊花に関する種々の書物が出版せられ、また巧みにその品種が増殖せられて、今日ではじつに幾百種を算うるのみならず、今なお年々歳々その嗜好者によりてその新花が無限に殖えつつあるのである。そして今日ではほとんどわが日本の国花と言っても恥ずかしからぬような有様にまで発達しており、またことにこの菊花がわが皇室の御紋章に用いられておって、まことに貴い花となっていることは世人のあまねく知るごとくである。元来この菊の花は、少なくとも植物教科書を読んでいる人々の知りおるように、もとより一輪の花ではなく一個一個独立した花が相集まって一つの集団、すなわち一社会を形づくったもので、元来は短縮した一つの花穂である。それが前世界の世に子孫繁殖の関係上その必要に迫られて、このごとき短縮した穂すなわち円き花穂となり、あたかも一花のような外観を呈するように変わったのである。このごとき花穂を植物学上では頭状花（Capitulum）と称する。この頭状花はたくさんの花が相集まって一緒に咲くのであるから、昆虫が来るとそのたくさんの花がいっせいに媒助せされ、一匹の昆虫の一度の飛来でもたちまちたくさんに実のできる準備ができる。

　また花中の雌雄蕋のぐあいによりてなるべく自花受精を避くるような装置になっており、また花頭の周囲には有色の舌状弁がぐるりと環列して招牌（かんばん）の役を務め、その紅、紫、黄、白、橙、藍等の色はよく昆虫をして遠くより花体を認めしむるのである。このように花の中では分業なども行なわれて一つの社会をなしているのであるから、それゆえ菊類は植物の中でも一番発達進歩した花すなわち一番高等な花となっている。ほとんど人が動物中で最高等であると同じく、植物の中では菊の類が一番高等な花となっている。この最高等の位置を占めた菊類中の菊が、前述のごとくわが皇室の御紋章に用いられてあるのはまことにめでたく、まことに尊き心地がせらるるのである。

支那はもと菊花の発祥地ではあるが、しかしその家植の菊は今日ではその本国なる支那をしのいで、わが日本がひとりその覇権を握っているほどにわが邦で発達を遂げている。じつに今日わが邦は菊花では世界の一等国であると称しても決して誣言（ぶげん）ではないのである。

支那では菊花は一面観賞品となりおれども、また一面にはその味の甘きものを薬用として上古より使用したものである。たぶんはじめは薬用のみに用いたものが、世が開けるにしたがってその中より観賞用の菊を撰出し、またさらに培養するようになったのだろうと思う。宋の『本草衍義』には「菊花近世有三十余種」の文がありまた明の『本草綱目』には「菊之品凡百種」の句がある。けだし培養せる菊を言ったものであるが、このように培養せるこれらの菊の幾品かが、昔わが日本へ渡されたものである。菊を薬用にすることははじめとく既に『神農本草経』に出で、くだってその後本草書にはみなこれを登載している。その薬効の中には「久しく服すれば血気を利し身を軽うし老に耐え年を延ぶ」等の記事がある。また野生菊の産地として「菊花、雍州の川沢及び田野に生ず」、「処々に之あり南陽菊潭の者を以て佳なりと為す」等の文がある。また菊の異名として節華、女節、女華、女茎、日精、更生、伝延年、治薔、金蕋、陰成、周盈、金英、九華、長生草、延年、等の名がある。またその花の雅名を隠逸花、拒霜、霜傑、東籬客、佳友、寿客、帝女花、延寿客、黄錮、黄華先生、等と称する。

きく科（菊科）の中に、クリサンテムム（Chrysanthemum）と称する一属があってしゅんぎく、こはまぎく、しまかんぎく、ふらんすぎく等がその属に属する。その中で菊もまたその一員であるが、その容姿は菊が一番傑出して立派である。それゆえ学問上ではなく俗間でクリサンテムといえば菊の専用語のようになっているのは、菊がその属中で大立物であるからである。しかしこのクリサンテムムなる属名は菊を本としてできたのでは無論なく、菊はただ後入りの品たるにすぎない。それゆえ菊が世に出て学者に認められたときは、このクリサンテムムなる属名はとっくの昔すでに世に出ておったのである。すなわち菊はこの属名制定後九十年の後に、やっとここへ入って来たにすぎない。しかるに世には「クリサンテムム」は「禁裏さんの紋」ということから出たなどと真面目に説く人があるけれども、そうではなくこれはただ一場の洒落を言ったにすぎないのである。

クリサンテムム（Chrysanthemum）の名はかなり古くできたもので、西暦一七〇三年頃にはもう、とく欧洲でその言葉が使われてあった。これが学問上の属名に採用せられたのは、同じく一七三五年頃であった。すなわちかの有名なる瑞典の碩学リンネ氏がそう決めたのである。その語原はギリシァ語の「クリソス」（Chrysos）、すなわち黄金と「アンテモン」（anthemon）、すなわち花の二語を合して作りしもので黄金花という意味の語である。これはそれで呼ぶ草の中には黄色の花を開くものが主になっていたから、そこでクリサンテムムと呼んだものである。

菊は園芸家方面ではふつうに大菊、中菊、小菊の三つに大別している。これは花の大小によってそうしてあるのである。その中で大菊と中菊とは、ふつうその茎の頂に一輪ずつの花があるが、これはもとより天然の姿勢ではなく、みな花の咲く前に既にその側枝を摘み去りて、ただこれを一本立てにしたにすぎない。ゆえに世人はそのような一輪咲の菊の花を見てそれが菊の本来の姿であると思うたならば、それはまったく大間違いである。これらはただ人工を加えて一本咲にしたにすぎない。しかるにこれに始めから人工を加えず自然に任せておいたなれば、これに多数の枝が分れて、したがって花もたくさんに付くのである。これが本然の姿勢である。

天然咲のものは、無論花は一輪咲のそれよりはやや小さけれども、たくさん賑やかに咲き揃いて、かえって一段の風致のあるのを覚ゆる。小菊はこれを一輪咲に仕立てることのないのは、その花があまり小形であるから充分に枝を出させてたくさんの花を咲かせるのである。

園芸方面では大菊、中菊、小菊と分かっているが、その大菊と中菊とこれに加うるに小菊の一部分が学問上一種であって、これを従来学名クリサンテムム・シネンセ（Chrysanthemum sinense *Sabine.*）と呼んでおった。しかるところそれよりおよそ三十年ほど前に付けられたクリサンテムム・モリフォリウム（Chrysanthemum morifolium *Ramat.*）という名があることが分かって、今日では名称をやかましく言う人はこの学名で呼ぶようになっている。しかるに世間にはなお従来の因襲によって前名を慣用する人が多い。小菊を形づくる一半は前述のとおりであるが、その一半は学名クリサンテムム・インジクム（Chrysanthemum indicum L.）から来ている。このインジクムはしまかんぎくである。インジクムの種名があれどもインドには産しない。これはリンネ氏が本種をインドから来たと思い違いをして、かく名づけたものである。

家植の菊はもと支那から渡り来たりてよくわが邦で発達し、今日の盛況を呈しているものの、その原種は支那のものである。それゆえこの家植菊の故郷は無論支那である。それなればただ支那のみが菊の領地であるかというと決してそうではない。わが日本も同じく菊の領地である。何となれば、わが邦で野生の菊より家植の菊を作り出したことはないけれども、その野生の菊、すなわち家植の菊と同種、すなわち same species のものが天然に生じているからである。日本も支那と同じくクリサンテムム・シネンセの領域である。

わが日本ではじめて野生の菊すなわち植物学上家植菊の原種たるべき菊が発見せられしは、明治十七年の秋であった。すなわち土佐国吾川郡川口村の仁淀川に沿うた地ではじめて私が採集した。その菊は確かに家植菊と同種であってそして学問上その原種に立つべき天然生の野菊であった。私はこれに野路菊の新名を付した。花色は白で花形は大きくなく、単葉咲でその葉はこの種の葉の特徴を表わす心臓状底である。その後なお土佐では所々にこれを見付けたが、主として海岸に近い地方に多かった。よく成長すると高さが三、四尺にもなり、途中から家植の菊のように三本に分れる特徴がある。だれでもその生本を一見すればこれが家植菊と同種であることが首肯せらるる。私は明治二十四年五月に拙著「日本植物志図篇」第九集ではじめてその図と名称とを発表しておいた。その野路菊はさらに九州から大島を通じて琉球に亘り、ひいて支那の南部に産することが分かった。

この野生の野路菊は、大昔から少しも人手にかからずに、単に野生の状態を持続し来たにすぎない。しかし採ってこれを培養して改良するなれば、ついには今日の家植の菊のようなものが必ずできるだろうと想像する。支那の家植の菊も、もとはこのような野生の菊に改良を加えたものにほかならぬのである。そこで家植して観賞菊となったものを昔わが国へ渡したに外ならぬ。

小菊の一部の原種である島かんぎく、すなわち Chrysanthemum indicum *L.* は支那と日本とが原産地であってインドにはない。リンネ氏がこれにインジクムの種名を下したのは、本種がインドから来たと思い違いをしたに基づく。この菊はわが邦では四国九州辺に多く、茎は細長、花は黄色である。秋さかんに開花する。東京の花屋にある寒菊はこの変種で、中心小花が大形に発達したものである。島寒菊の名は古く小石川植物園で付けたものだ。これは本品を伊予の一島嶼から採り来たりてその名を命じたのだが、この菊はなにも島に限りて生ずると限ったものでないことを思えば、その名は一知半解的のものであることが分かる。

黄が菊の本色か、白がそれかといえば、私は白が菊の正色であると答えたい。菊の原種すなわち野路菊の花は絶対に白色である。菊の黄色は培養によってできたもので、白から変わったものである。黄は天地の正色であるから菊の花は黄色を正とするという説は、支那人のいうところなれども、それは支那の黄土の色から割り出したもので、花色が従になっている。これはどうしても花色を本とせねばならぬ。花色を本とすれば白色を正色とせねばならぬ。黄菊よりは白菊が本尊である。

菊をわが邦にてきくと呼ぶのは無論その字音から来たものである。これは菊花がもと支那から来たものであるから、そのように呼んでしかるべきである。しかるにきくは括(くく)りの意で、そは花形括りよせたるごとしと解している『傍廂(かたびさし)』（書名）の著者などあれども、この解釈は無論当たっていないのである。また菊を昔は「かはらをはぎと呼びたり」と深江輔仁の『本草和名』、源順の『和名類聚鈔』に出ている。また『本草綱目啓蒙』によれば古歌の名としてかわらよもぎ、おとめぐさ、あきしべのはな、あきしくのはな、くさのあるじ、てちよみぐさ、よわいぐさ、あきなぐさ、のこりぐさ、ちぎりぐさ、ももよぐさ、たてりぐさ、たきものぐさ、おきなぐさ、ちよぐさ、まさりぐさ、こがねぐさ、ほしみぐさ、かたみぐさ、ながづきぐさ、あきのはな、あきぐさのはな、あつかいぐさ、いなてぐさ、やましぐさ、の二十五名が挙げてある。歌人は種々の名でこれを歌に詠み込んだことが分かる。

竜脳菊という小形の菊があって、わが邦諸州の山野に自生し、秋深けて白き花を開くものがそれである。人によりてはこの菊を家植の菊の原種のように思い違いをしているが、決してさようではなく、これは全然別種の菊である。それゆえこれをいくら培養改良しても決して家植の菊とはならぬ。そして野路菊と区別の点は、主としてその瘠小なる体と、葉の小なることと、葉底の心臓状をなさぬことと、またその総苞片の外列者が狭小なることとに存する。学名はクリサンテムム・ヤポニクム（Chrysanthemum japonicum *Makino*）である。

また油菊というものがある。東京近郊辺にも野生している。花は小さく黄色で枝頭に集まり開く。この品も家植の菊とはなんの関係もない。学名はクリサンテムム・ラヴァンズリフォリウム（Chrysanthemum lavandulaefolium *Makino*）である。この花の白き品を白油菊と称する。たまに野外で出会うことがある。

塩菊というものがあって海浜に生ずる。一つに浜風菊と称する。この菊の野生のものは花が小さいが、培養したものには花の大なるものがある。しかしこの種の葉は裏面が白くて葉底が楔形をなしているからすぐ区別がつく。学名はクリサンテムム・デケーネアヌム（Chrysanthemum Decaisneanum *Matsum.*）である。舌状弁のまったくないものの一変種を、まめしおぎくと称する。また花がかなり大きく咲く一変種にさつまのぎくと呼ぶものがあって、薩摩に産する。これらもまた家植の菊花とはなんの関係もない種類である。先年矢田部博士がこのさつまのぎくを菊の一変種と考えたのはもとより誤りであった。

（『随筆草木志』より）

編集付記

一、本書は一九七〇年に小社より刊行された『牧野富太郎選集　第四巻』を復刻し、副題を加えたものである。
一、明らかな誤記・誤植と思われるものは適宜訂正した。
一、一部、個人情報にかかる内容等については削除した。
一、読みやすくするために、原則として新字・正字を採用し、一部の漢字を仮名に改めた。
一、今日の人権意識や歴史認識に照らして不適切と思われる表現があるが、執筆時の時代背景を考慮し、作風を尊重するため原文のままとした。

［著者略歴］
牧野富太郎〈まきの・とみたろう〉　文久２年（1862）〜昭和32年（1957）
植物学者。高知県佐川町の豊かな酒造家兼雑貨商に生まる。小学校中退。幼い頃より植物に親しみ独力で植物学にとり組む。明治26年帝大植物学教室助手、後講師となるが、学歴と強い進取的気質が固陋な周囲の空気に受け入れられず、昭和14年講師のまま退職。貧困や様々な苦難の中に「日本植物志」、「牧野日本植物図鑑」その他多くの「植物随筆」などを著わし、又植物知識の普及に努めた。生涯に発見した新種500種、新命名の植物2,500種に及ぶ植物分類学の世界的権威。昭和26年文化功労者、同32年死後文化勲章を受ける。（初版時掲載文）

テキスト入力　東京デジタル株式会社
校　正　ディクション株式会社
組　版　株式会社デザインフォリオ

牧野富太郎選集４　随筆草木志

2023年4月24日　初版第１刷発行

著　者　牧野富太郎
編　者　牧野鶴代
発行者　永澤順司
発行所　株式会社東京美術
〒170 - 0011
東京都豊島区池袋本町3- 31-15
電話 03（5391）9031
FAX 03（3982）3295
https: //www.tokyo-bijutsu.co.jp

印刷・製本　シナノ印刷株式会社

ISBN978-4-8087-1274-7 C0095